やりたいことが
ぜんぶ叶う
インスタ発信
の教科書

開設3年で10万フォロワーの人気インスタグラマーが教える

亀山ルカ
Kameyama Ruka

日本実業出版社

PROLOGUE

Instagramで変わった私の暮らし

はじめまして。亀山ルカと申します。

本書を手に取っていただき、ありがとうございます。

以前の書籍をご覧いただいたことがある方へ、また手に取っていただいてとても嬉しく思います。

プロローグとして、私のこれまでの発信や仕事内容、そしてInstagramについて改めて紹介してから、本題へと入っていきたいと思います。

私は、2016年からフリーランスとして活動を開始しました。現在はSNSやブログでの発信・ショップ運営・書籍執筆などを主な仕事としており、趣味で語学やデザインを勉強しています。

Instagramを始めたのは、2021年の4月です。それから3年が過ぎましたが、私の暮らしはInstagramをきっかけに大幅に変化しました。

「Instagramを始めて何がどうなるの?」といまいちピンとこない方もいると思うので、まず最初に私の暮らしがInstagramをきっかけにどう変わっていったのか、自己紹介も兼ねてライフスタイルや仕事の変遷について紹介します。

❶ Instagramを始めたきっかけと初期の頃

私がInstagramを始めたきっかけは、「新しい場所で新しいジャンルで発信をしてみよう」と思ったことです。

私は2014年にブログで発信を始めましたが、途中で発信をお休みしていた時期があります。2019年頃から発信すること自体に迷いが生じたり、当時発信していたジャンルへの興味を前ほど持てなくなってしまい、

悩んでいたことがありました。

　その間にさまざまなことにチャレンジし、「もう一度発信してみたいな」と考えるようになり、媒体を Instagram に変えて発信してみようと決めたのです。

　Instagram は画像や動画が主体の SNS で、それまで文章主体で発信していた私にとっては馴染みのないものだったため、新しい分野への挑戦という意味でも魅力的でした。

　それまでは、Instagram に関してはプライベートのアカウントと、少しだけ運営して途中でやめてしまった美容関連のアカウントがあるだけでした。

　このとき、興味が移り変わって美容やブログ運営といった以前発信していた内容をもう一度発信するのはしっくりこなかったこともあり、自分が大切にしていること、人生を通して長く興味を持って取り組めそうなことを改めて模索してみました。

　向き合った結果、私自身のライフスタイル（暮らし・働き方・勉強など）を幅広く発信しつつ、見てくれる方の需要や期待に合わせていこうと考えて、もう一度発信を始めました。

　これが、私が Instagram を始めるに至った経緯です。

　ただ、それまでは先ほどお伝えしたとおりブログや Twitter（現 X）での文章主体の発信が多かったので、画像や動画を作ることに慣れていなくて、試行錯誤しながらのスタートとなりました。

❷ 発信が楽しいと感じ始めた1年目

　Instagram を始める前は、ライティングの仕事を引き受けたり、企業の SNS 運用に関わったり、趣味兼次の仕事に繋がればと思ってデザインや

CGの勉強をしてみたり、そのときできることに取り組んでいました。

　発信について迷っていた時期は基本的に自分の発信はほとんどしていなかったのですが、Instagramを始めてからまた発信の楽しさを感じるようになりました。

　この頃は投稿画像を作ることにも慣れてきて、Instagramのことを少しずつ理解してきた段階です。

　とはいえ、数ヵ月で数千人・数万人のフォロワーさんが増えた！　というような爆発的な伸びはまったくなく、フォロワーさんは徐々に増え、投稿作りやコミュニケーションを楽しんでいたような状況でした。

　フォロワーさんが1,000人を超えた頃からときどき仕事の案内のDMが来るようになりましたが、自分のアカウントとは方向性が違うものが多かったり、アカウントの世界観を大事にして、もっと考えて投稿を作り込むことに集中したくて、Instagramでの仕事はほとんどしないまま1年目が過ぎました（Instagramに関連する仕事にどのようなものがあるかについては後から説明します）。

　投稿作りにひたすら時間を費やした期間ですが、それでも1年間続けられたのは、アカウントや投稿内容について考えることと、フォロワーさんとのやりとりが楽しかったからだと思っています。

❸ 仕事に繋がり始めた2年目

　2年目になってくると、試行錯誤の結果が出てきたのかフォロワーさんも1万人を超え、依頼される仕事も多様なものになっていきました。

　アカウントの世界観や方向性と合っていて、かつフォロワーさんにとっても有益になりそうな商品やサービスがあれば、依頼を引き受ける

ようにもなりました。
　どんな依頼を引き受けるべきか、引き受けないべきかといった自分なりの基準についても、真剣に考えるようになったのです。

　YouTubeなどの他のSNSとも連携させて（プロフィールにリンクを掲載して他のSNSに飛べるようにしています）フォロワーさんに私の活動を幅広く知ってもらったり、新しく書籍執筆の依頼をいただいたり、仕事の幅がぐっと広がったことを実感した時期でもあります。

Instagramを続けていたら、2冊目の書籍出版に繋がりました

また、Instagramを始める前は言われることのなかった「写真がきれい」「センスがいい」という言葉をよくいただけるようになりました。これは以前の私なら考えられないことです。

　私はもともと写真や動画に関する知識がまったくなく、当然センスもなくて、恥ずかしながら「素敵な写真を撮ろう」と意識したことさえほとんどありませんでした。
　しかし、Instagramを始めてから写真を撮ることが日常的なことになってきたため、自然と「どうしたらこんな素敵な写真が撮れるのかな」「うまく写真を撮るにはどうしたらいいんだろう」と毎日考えるようになり、その結果知識がついてきたのです。
　画像の加工方法についても、勉強しながらいろいろな方法を試してきました。ありがたいことに、「投稿の雰囲気が好き」と言っていただけることもあって、とても嬉しいです。

　私は、センスは勉強次第で誰でも身につけられるものだと考えています。本書でも、私がどのように勉強してきたのか、詳しくお伝えするつもりです。

　ここまで年単位で本当に長い時間がかかったなと感じますが、楽しく発信できたこともあり、辛いことがずっと続いていたというような感覚

私のInstagram

はありません。
「大変だったけど、楽しく続けてこれてよかったな」という感じです。

　ただ、楽しくても、楽だと思ったことはひとつもありませんでした。投稿作りは毎回時間がかかって大変で、あっという間に1日が終わっていきました。それでも続けてきて、投稿作りについて考えて試行錯誤して、仕事との向き合い方を考えて、時にはフォロワーさんが励ましてくれたり元気をくれることがあって……Instagramを通して私が学んだことや嬉しかったことは数えきれないほどあります。

Instagramを始めて変化したこと
- 仕事に繋がった
  （ショップ運営、企業とのコラボ、書籍執筆、ブログ、SNSなど）
- 発信しているジャンルに関する知識がついた
- 写真や動画をたくさん撮るようになった
- 「センスがいい」と言われるようになった
  （前は言われたことがない）
- 人との出会いやコミュニケーションが増えた
- 在宅で仕事をするようになった

　本書は、Instagramを活用して何かにチャレンジしたい方全員に読んでいただきたいと思って執筆しました。中でも、個人の方が自分の好きなことや興味のあることを中心に発信して、趣味として楽しんだり仕事に繋げたりする方法に焦点を当てて解説しています。

　SNSはマイナス面も取り上げられることが多いですが、私はSNSが好

きです。Instagramの他にYouTubeやTikTok、ブログなどにも取り組んでいますが、楽しく見てもらえて、自分自身も楽しく発信できるSNSとの付き合い方について、ずっと考えてきました。

そういったSNSを楽しく続けていける考え方や向き合い方についても、私なりのやり方を紹介するのでぜひ参考にしてみてください。

ここでひとつ、誤解がないようにお伝えしておきたいことがあります。

私は2014年にブログを開設し、Twitterでも徐々に発信を始め、2018年にブログ関連の書籍を出版しています。そのため、もしかしたら「他のSNSやブログで伸びていたから、Instagramもそのときのフォロワーさんが来てくれて伸びたのでは？」と考える方もいるかもしれませんが、そうではありません。

今のアカウントを始めた頃、私のことを知っていてフォローしてくださった方は、多くても20人程度だったと思います。発信ジャンルが大幅に変わったことと、まっさらな状態でゼロから始めてうまくいくのかどうか挑戦してみたいと思ったことから、あえてブログやTwitterなど公の場で新しいアカウントについて知らせることはしませんでした。

その約20人の方は、私のリアルな友達や、少しだけ運営していたことのあった美容関連のアカウントから来てくれた方達です。

私が新しい活動をしていることは知らず、1〜2年経って数万人の方にフォローしていただくようになってから、「久しぶりに発見してびっくりした」と言ってくださる方が増えてきました。

何が言いたいかというと、もともと何かをやっていたところからたくさんのフォロワーさんが来てくれて伸びたわけではなく、いちから新しいジャンルで誰も私のことを知らないところで始めたので、再現性がある内容をお伝えできるということです。

8

だから、これから初めてSNSや情報発信を始めるという方も、安心して読んでいただければと思います。読んだ方が真似して実践しやすいよう、できるだけ具体的に執筆しました。

　SNSは難しく、そしてとても面白いものです。その難しさを本書で紐解きつつ、Instagramを継続して、楽しさや面白さを感じる方が増えたらいいなと思います。
　Instagramを通して自分の世界を作り、好きなことを自由に表現していきましょう。
　本書があなたの人生にとって、何か少しでもいいきっかけとなることを願っています。

いつも仕事や勉強をしている、お気に入りを詰め込んだデスク周り

Instagramの使い方は変化している

Instagramと聞いて、どのような言葉を連想するでしょうか？

一時期、「インスタ映え」という言葉が流行りました。「インスタ映えするカフェ」「インスタ映えするお出かけスポット」などの特集は、一度は見たことがあるかと思います。

このように、一般的にInstagramでは、いかに映える写真が撮れるか、おしゃれで綺麗な写真、かわいい・かっこいい写真をアップするかが重要視されていました。

しかし、数年前から、Instagramの投稿内容は少しずつ変化しています。具体的には、画像編集アプリを使ってテキストでの説明を付け足してわかりやすくしたり、流行りの音楽とかけ合わせたリール動画を作ったり、アフレコを入れたりする投稿などが増えています。

その結果、視聴者の目的は「見て楽しむ」から「見て楽しみながら情報を得る」まで広がっているように思います。以前の個々のアカウントを個人のアルバムと形容するなら、今では個人がメディアを持つように、それぞれが自由に自分を表現するようになりました。

❶ 文字入れ加工をする

最近のInstagramでは、情報を多く盛り込むために「文字入れ加工」された投稿が多くなってきました。画像加工アプリを使ってテキストで情報を書き加えたり、時には手書きで加工を施したり、さまざまな文字入れ加工がなされています。

私自身も文字入れ加工の投稿をメインとしており、写真を撮る→加工

する→イラストアプリや加工アプリを使って文字入れを行う、という流れで投稿を作成しています。

　文字入れは必須ではなく、文字入れなしの投稿と文字入れありの投稿を混ぜている方もいたり、やり方はさまざまです。投稿作りのひとつの方法としてぜひ覚えておいてください。

手書きで文字入れした投稿

❷ **音楽とかけ合わせる**

　リール投稿にもフィード投稿にも、音楽を付けることができます。

　特にリール投稿は、今流行りの音楽を付けるのが一般的です。歌詞やリズムなどのタイミングに合わせて動画・画像を切り替えて視聴者を楽しませたり、その音楽の歌詞の文章と動画・画像を組み合わせるなど、いろいろな表現方法があります。

　最初はあまり難しいことを考えずに投稿作りに慣れることが大切だと

思いますが、どんな表現方法があるのか、他の人のリール投稿を見て学ぶのはおすすめの方法です。

❸ アフレコを入れる

　リール投稿では、自分の声を入れて説明を付け加えたり、動画に面白みを持たせる方もいます。簡単にアフレコを行える動画編集アプリが多くあるので、そういった機能を使って後から声を入れて、よりわかりやすい動画やつい見たくなる動画作りが可能になっています。

　Instagramの使い方が多様化したことで、「休日に行くかわいいカフェを探そう」「次の髪型どんな風にしようかな？」「英語の勉強って何からやるのがいいんだろう」「仕事で悩みがあるんだけど……」といった、これからしたいこと、疑問、悩みなどあらゆることに答えてくれるコンテンツが増えてきました。

　私も毎日Instagramを開いていますが、日々素敵な投稿やアカウントに出会うので、ついずっと見続けてしまうほどです。

　また、Instagramには投稿を保存できる機能もあり、フォルダ分けができるようになっているので、後から投稿を見返してお買い物の参考にしたり、トレーニングを真似してやってみたりなど、情報をストックすることが容易になりました。

リール投稿

アフレコを入れた
リール投稿

さらに、10〜20代の方を中心に、コミュニケーションツールとしても使われることが多くなっています。LINEも使われますが、InstagramのDMで気軽にやりとりする方も多いようです。

　このように以前のInstagramとはまた変わってきていることがわかっていただけたと思いますが、これからもInstagram含めSNSはそれぞれ変化していきます。新しい機能が搭載されたり、新しいルールができたり、変化のスピードが速い中、追いついていくのは大変なことですが、面白さもあります。私も新しい機能を見つけたら、できるだけすぐに試すようにしたり、どんな機能なのか調べてどう使うのがよさそうか考えたりしています。

インスタの保存画面

　いろいろと説明してきましたが、Instagramの使い方が以前とは変わってきていることや、SNSの日々の変化を楽しみ、勉強しながら取り組んでいく大切さをお伝えできていたら嬉しいです。

13

発信を通して得られるもの

　私がInstagramを始めたのは約3年前ですが、情報発信自体は2014年から行っていました。一番最初に始めたのはブログで、そのうちにTwitterやYouTube、InstagramなどのSNSにも取り組むようになりました。

　各種SNSもブログもすべて情報発信の手段ですが、私が約10年間発信を続けてきて思う「発信を通して得られたもの」について触れて、プロローグを終わりにしたいと思います。

　発信を始めたことで、働き方も生き方もすべてが変わりました。今の働き方や生き方をまったく想像していなかったので自分でもいまだに不思議に感じることがありますが、あのとき発信してみようと思ってよかったなと、心の底から思います。

　本書を手に取ってくださった方の中には、副業として取り組んだり、お金を稼ぎたいと思ってInstagramに興味を持った方も多いと思います。インスタグラマーやYouTuberといった言葉も当たり前になり、ひとつの職業として認められるようになってきた今、SNSでお金を稼ぐことを目標にしている人も多いでしょう。

　SNSでお金を稼いだり仕事に繋げる方法についてはChapter 6で詳しく説明しているので、ここでは省略したいと思います。

　お金もすごく大事なのですが、SNSにはお金以上にモチベーションになることが他にもたくさんあるので、本項目ではあえて稼ぐこと以外の「得られるもの」についてご紹介します。

❶ **同じ興味や趣味を持つ人と繋がれる**

　好きなことや興味があることを発信していると、共感してくれる人や「私も同じものが好き」という人と繋がることができます。

　例えば私なら、韓国語を勉強している人、韓国文化やインテリア・文房具が好きな人、フリーランスで働いている人・働きたい人などと繋がることが多いのですが、コメントやDMで同じ興味について話せるのがとても楽しいです。

　私は韓国アイドルが好きだったり韓国ドラマもよく観るのですが、そうした内容をストーリーズ（24時間で消える投稿のこと）に載せると「私も好きです」「私もそのドラマ観ました」といったメッセージをもらうことがあります。

　こんな風に、家から一歩も出なくても世界中の人と好きなことをシェアできるというのは、今の時代ならではの素敵な体験です。

　みなさんもぜひ、好きなことをシェアしたり感想を伝え合ったり、世界中にお友達を作るような感覚で楽しんでみてください。

韓国語勉強の様子

15

❷ ずっと憧れていた企業や人と仕事ができる

「自分が長年愛用している商品やサービスに関わるお仕事ができたらいいな」なんて思ったことはありませんか？

　私も好きなガジェットや文房具のブランドがあるのですが、Instagramを通してその企業から連絡が来たときは本当に嬉しくて「Instagramを続けていてよかった！」と感動しました。

　また、企業だけでなく人も同じです。好きな人や憧れている人に感謝の気持ちを伝えたり、SNSを通してコミュニケーションを取ることで、いつか何かのきっかけで一緒に仕事ができる日が来るかもしれません。

　私がブログを始めた当初、何度も読み返していた『ブログ飯』（インプレス）という大好きな本があるのですが、こちらの本を執筆した染谷昌利さんとSNSで何度かやりとりさせていただき、1冊目の著書でご一緒することができました。

　SNSなら、その人をフォローしたりコメントをすることで、直接会わなくても感謝の気持ちを伝えることができたり、逆に自分がどんな活動をしているか知ってもらう機会にもなります。そうしてタイミングや方向性が合えば、憧れの人と一緒に仕事ができる可能性も高まります。

❸ 総合的なスキルが身につく

　SNSは本当に終わりがなく、ずっと改善し続けていくものです。とても大変ですが、その分さまざまなスキルが身についていきます。

　企画力・文章力・デザイン力の他、写真撮影や加工について詳しくなったり、自分の発信しているジャンルについて勉強を続けることで、特定の分野に詳しくなっていきます。

例えば、私はガジェットが好きでときどきInstagramで紹介するのですが、初めてiPadについての投稿をアップしたときにコメントやDMで質問を受けて、「もっと詳しくなってちゃんと答えられるようにしよう」と思うようになり、iPadについて以前よりも知識が増えました。

　SNSに向いている人のタイプをひとつ挙げるとすれば、このような努力や工夫を好奇心をもって楽しめる人です。「次はこれを試してみよう」「こんな投稿作ったらどうかな？」と調べたり勉強したり試行錯誤できる人は、SNSでもきっと伸びていきやすいと思います。

　何事も楽しくないと続かないと思うので、大変な中でも新しいことを学ぶのを楽しむ意識を持ったり、できることが増えていくことを喜びながら、ぜひ続けていってください。

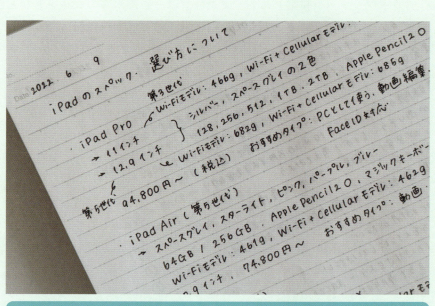

iPadについて調べてメモしたノート

❹ 継続とアウトプットの習慣ができる

　SNSを続けることで、継続力や粘り強さのようなものが養われていくと私は感じます。何かを続けたという経験は自信に繋がり、SNS以外の他のことも続けてみよう、やってみようと前向きな気持ちが湧いてくるからです。

　また、私自身投稿を作りながら常に経験や知識をアウトプットしていくので、言語化の練習になったり自分の考えに改めて向き合う機会にもなりました。

　発信するにあたって「自分が本当は何をしたいのか」「何が好きなのか」といったことにずっと向き合ってきて、SNSを通してこれらの答えを見つけられた気がします。

　アウトプット（＝投稿）に対してフォロワーさんからのコメントなどのリアクションを受けると嬉しくなって、「次はこんな風に伝えたらわかりやすいかな」「参考になったらいいな」などと考えるようになり、アウトプットの好循環ができるのもいいところです。

❺ コンプレックスや悩みを受け入れられるようになる

　最後に、これは1冊目のブログの本でもお伝えしたのですが、コンプレックスや悩みがある人やさまざまな経験をした人ほど、SNSで伝えられることは多いです。

　私の場合は、子どもの頃学校があまり好きではなかったり、社会人になってからは組織で働くことに馴染めなかったり、生きづらいと感じることが多々ありました。

　当時は辛くて悩んで「なんで自分はこうなんだろう」と思って生き続

けてきました。でもこうして発信するようになって、私なりの解決方法や考え方が参考になったと言ってくださる方がいて、あの経験も無駄じゃなかったと思えるようになったのです。

　私にとって発信する理由は、誰かのためでもあり、自分のためでもあります。投稿を作って過去の自分と同じように困っている人の役に立てることで、昔悩み苦しんだ自分が救われるような気がします。

　今コンプレックスや悩みがある人、過去に辛い経験をした人も、それをバネに変えられるのが発信の素敵なところです。

　お金を稼ぐ目的でSNSを始めるのももちろんいいことですが、それだけが目的だとおそらく発信は続けられません。最初はお金がまったく発生しない期間が続いたり、仕事に繋がるようになってからも、お金だけを見ているとだんだんとフォロワーさんは離れてしまうからです。

　人とコミュニケーションを取ったり、ありがとうと言ってもらえたり、投稿作り自体が楽しかったり、そういったお金以外にモチベーションになることを心の中に持っておけば、自分自身も見ている人も楽しい気持ちになるアカウントになっていくでしょう。

「Instagramを続けてこんな風になれたら楽しそう！」と思い描く未来や自分の姿があれば、それをぜひノートや手帳に書いておいてください。いくつでも思いつくままワクワクした気持ちで書いて、いつかまたそのページを開いてみてくださいね。

　これから一緒に、発信を楽しんでいきましょう！

19

C O N T E N T S

PROLOGUE

Instagramで変わった私の暮らし ································ 2

Instagramの使い方は変化している ······················ 10

発信を通して得られるもの ································ 14

Chapter 1

発信の方向性を決める

01 Instagramの基礎知識 ············ **24**

02 Instagramで大切なこと ············ **27**

03 アカウントを作る前に
決めること ···················· **32**

04 アカウントの
テーマを決めよう ············ **39**

05 投稿のカテゴリを考える ············ **48**

06 自分だけの
コンセプトの作り方 ············ **54**

07 「見てほしい人」を考えよう ············ **61**

08 仕事を具体的に
イメージしておく ············ **66**

09 世界観・統一感を作るコツ ········ **74**

10 アイコンとアカウント名の
決め方 ···················· **80**

11 プロフィール文章で
伝えること ···················· **85**

12 プロアカウントへ切り替える ······ **90**

● COLUMN
私が顔出しをしない理由 ········ **94**

● お悩みQ&A
特技もないし、発信できるような
内容が見つからない場合は
どうしたらいい? ················ **97**

Chapter 2

投稿内容を考える

01 投稿で伝えたいこと ············ **102**

02 投稿アイデアの探し方 ········ **111**

03 投稿のタイトルを決める ············ **119**

04 投稿の構成を決める ············ **124**

05 キャプションとハッシュタグを
設定する ···················· **129**

06 投稿内容に
統一感を持たせる ··············· **133**

07 投稿内容を考えるときの
大事なポイント ····················· **136**

● お悩みQ&A
投稿作りに時間がかかる······
効率よく投稿を作る方法はある? ··· **141**

Chapter 3

投稿デザインを考える

01 Instagramではデザインと
世界観が重要 ……………… **148**

02 投稿デザインの
基本と考え方 ……………… **154**

03 誰でも簡単！
撮影方法のコツ …………… **159**

04 イメージに合わせた
画像加工方法 ……………… **168**

05 デザインに
統一感を出す方法 ………… **176**

06 文字入れ投稿の作り方 ……… **182**

07 世界観に合った
フォントとカラー選び ………… **187**

08 フィード投稿作成で
おすすめのアプリ …………… **194**

09 リール投稿作成で
おすすめのアプリ …………… **196**

● **お悩みQ&A**
自分らしいデザインを見つけたい！
デザインのヒントを得る
おすすめの方法は？ ………… **197**

Chapter 4

アカウントを運用しよう

01 アカウント運用の
基本の考え方 ……………… **202**

02 フィード、リール、
ストーリーズの使い分け ……… **209**

03 投稿のタイミングと
最適な頻度 ………………… **215**

04 ストーリーズに何を載せる？ … **220**

05 ストーリーズを使うときの
注意点 ……………………… **227**

06 初期段階でおすすめの
運用方法 …………………… **232**

07 フォロワーさんとの関係作り … **237**

Chapter 5

分析して改善点を見つけよう

01 投稿を分析しよう …………… **244**

02 アカウントを始めて
1年目の分析ノート ………… **249**

03 さまざまな投稿の
分析をしてみよう …………… **256**

04 フォローからヒントを得る ……… **261**

CONTENTS

05 おすすめの見直しポイント …… **265**

06 もっと伸ばすためのコツ① …… **271**

07 もっと伸ばすためのコツ② …… **277**

08 発信で大切な7つのスキル …… **281**

Chapter 6

仕事を始めよう

01 発信を仕事にして
収入を得るには …………… **286**

02 PR案件を引き受けるときの
考え方 …………………… **292**

03 基本的な仕事の進め方 …… **297**

04 企業から仕事を受けるときに
確認すること ……………… **301**

05 ASPに登録してリンクを貼る …… **306**

06 自分の商品や
サービスを作る …………… **311**

07 Instagram ×
ブログのすすめ …………… **318**

● **COLUMN**
あると便利な撮影機材 ……… **324**

Chapter 7

覚えておきたい大切なこと

01 目的を見失わずに続ける …… **330**

02 法律について知っておく …… **337**

03 稼いだお金の使い道を
考える ……………………… **343**

04 Instagramを
楽しく続けるコツ ………… **347**

あとがき …………………………………………………………… **352**

読者特典 …………………………………………………………… **354**

編集協力：染谷昌利

カバーデザイン：喜來詩織（エントツ）

カバーイラスト：うてのての

本文デザイン・DTP：ナカミツデザイン

・本書の内容は執筆時点においての情報であり、予告なく内容が
変更される場合があります。

・掲載されている内容を実践した結果、万一損害や不利益が発生
した場合でも、弊社および著者は一切の責任を負いません。あら
かじめご承知おきください。

・本書に記載されている会社名、製品名は、各社の登録商標また
は商標です。本書ではとくに®、™マークは明記しておりません。

01 | Instagramの基礎知識

　まずは、Instagramを始める前に覚えておきたい基礎知識を紹介します。
Instagramは随時新しい機能が追加されたり仕様の変化が多いので、日常的に使用している方も今一度ざっと確認してみてください。

Instagramでは写真・動画を投稿できる

　Instagramは、2010年にリリースされた、写真と動画をメインとしているSNSです。2024年現在はMeta社（前Facebook）が運営しています。
　各アカウントを見るとわかるように、プロフィールの下には過去の投稿が並びます。ビジュアルメインのSNSで、「Instagramでは統一感や世界観が大事」だと聞いたことがある人も多いでしょう。
　スマホやカメラで撮影した写真を投稿したり、Instagram内で加工を施したり、簡単な動画の編集を行うこともできます。後から詳しく説明しますが、近年では「リール動画」というショートムービーを投稿する機能も一般的となり、写真・動画ともに投稿しやすくなっています。

Instagramが目指すこと

　Instagramは「大切な人や大好きなことと、あなたを近づける」ことをミッションとして掲げています。Instagramの公式サイト（https://about.instagram.com/ja-jp）やクリエイター向けのページ（https://creators.instagram.com/）も見てみると、Instagramの目指すことや何ができるのかがよくわかるので、ぜひ一度覗いてみてください。

Instagram公式サイト

クリエイター向けのページ

　<u>自分の好きなことや得意なことを発信したり、コミュニティを作ったり、フォロワーさんに役立つことをして収益化を目指すといったことをInstagramは提案しています。</u>

　これからInstagramを本格的に使っていくなら、そのサービス自体が何を目的としているのか、どのような使い方を推奨しているのかを知ることは非常に重要です。すべてを把握することは難しくても、ガイドラインやルールもできるだけ調べておくといいでしょう。

　「Instagram ガイドライン」とGoogleで検索すると表示される「コミュニティガイドライン」にも目を通すと、どのような投稿内容がOK・NGなのか、これから自分が取り組むジャンルに問題はなさそうかなどの確認ができます。

　私自身、新しいことにはフットワーク軽く取り組むようにしているのですが、同時に後々困らないように、<u>基礎知識やルールを押さえておく</u>

25

ことは忘れないようにしています。この機会に、Instagramがどのような
コンセプトを持っているのか公式サイトで確認してみましょう。

Instagramの基本用語

　Instagramで知っておきたい代表的な基本用語についていくつか紹介
します。

- フィード（フィード投稿）：Instagramでの画像や動画の投稿を指します。もっとも一般的な機能と言えます。
- ストーリーズ：24時間で消える投稿ができる機能です。画像や動画とともにテキストを入れたり、さまざまなスタンプを使うことでフォロワーさんとのコミュニケーションも可能になります。
- リール：15〜90秒の縦動画を投稿できる機能です。近年ショート動画の人気が高まっていることもあり、リール投稿も活発化しています。
- インサイト：Instagramが提供している分析ツールです。インプレッション数や保存数などさまざまな項目で投稿を分析することができます。フォロワーさんの属性なども知ることができます。
- インスタライブ：Instagramのライブ配信機能です。リアルタイムでフォロワーさんとコミュニケーションを取ることができます。

02 | Instagramで大切なこと

Instagramは写真と動画がメインのSNSだとお伝えしましたが、Instagramを構成する要素はそれだけではありません。例えばアカウントのジャンルや方向性、アイコン画像、プロフィール文章、統一感など数え切れないほどのたくさんの要素同士が関わり合い、ひとつのアカウントが出来上がります。

私が3年前にInstagramを始めた当初、Instagramにおいて何が重要視されるのかを、項目別に自分なりに書き出したことがありました。その中でより重要だと感じた項目を中心に、Instagramで大切なことを紹介したいと思います。

① アカウント全体の統一感・世界観

Instagramはビジュアルメインのため、やはり統一感・世界観について考えることは外せません。例えば、あるアパレルブランドのアカウントを見たときに、画像の撮り方や色味などがバラバラだったら、ブランドの雰囲気や方向性が伝わりにくくなってしまいますよね。

統一感・世界観を具体的にどのように作っていくのかについては、後

ほど詳しく紹介します。

　ここでぜひ覚えておいていただきたいのが、<u>統一感・世界観はビジュアルだけに当てはまるものではない</u>ということです。<u>ビジュアルだけでなく、アカウント全体や投稿内容の統一感も大切</u>です。

　例えば、私のアカウントのジャンルの大きな括りは「暮らし」「ライフスタイル」に当てはまります。この中には、さらにサブジャンルとして「インテリア」「勉強」「ガジェット」「社会人の生活」などがあり、コンセプトに沿った運営を心がけています。

　私のアカウントの場合、この他に美容・恋愛・旅行といった投稿が入ってくるとしたら、ジャンルがバラバラになりすぎる印象があります。もちろん何を投稿していけないということはなく、美容や旅行の投稿をすることもときどきあります。

　ただし、全体の中でこういったジャンルの投稿の割合は少なくして、先ほど紹介した「インテリア」「勉強」「ガジェット」「社会人の生活」などに当てはま

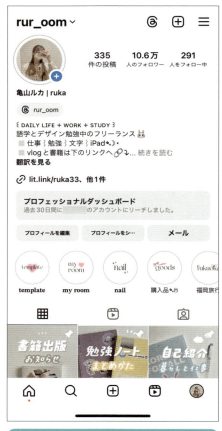

私のアカウントのプロフィールページ

る投稿を多くすることで、内容の統一感を保っています。

　ひとことで「暮らし」「ライフスタイル」と言っても、美容が好きな方で美容の投稿が多めのライフスタイル系アカウントもあれば、インテリアの要素が多いアカウントもあります。

　ジャンルやコンセプトの考え方については別のページで紹介しますが、このように**見た目だけでなく内容の統一感も真剣に考えていくことで、どんなアカウントかを覚えてもらいやすくなり、見てほしい人に見てもらえるアカウントが育っていきます**。

② 投稿内容の充実度

　今のInstagramではさまざまな機能を使って、より自由な自己表現ができるようになりました。

　魅力的な投稿がたくさんある中で、どうやって自分の投稿を見つけてもらったりアカウントに興味を持ってもらうのか？　というのは常に考えていく必要があります。これはInstagramに限らず発信全般に共通することだと思っていて、私も、ほとんど毎日と言っていいほどこのことを考えるようにしています。

　投稿内容を充実させて「この人のアカウントをまた見てみたい」と思ってもらうには、いくつかの要素があります。**世界観、画像の視認性、情報のまとめ方、伝わりやすさ、画像や文章から伝わる人柄など、どの部分に力を入れるかによってアカウントの魅力も変わってくる**でしょう。

　例えば「この人の撮る風景の写真がとてもきれいで癒される」「掃除の

方法がわかりやすく書いてあって真似しやすく参考になる」「インテリアの雰囲気が好き」「おしゃれでかわいいプチプラ商品が多くてセンスがいい」など、自分の投稿を見た人にどう思ってもらいたいのか、どのように感じてもらえたら嬉しいのかを考えながら、さまざまな角度から投稿内容を充実させていきます。

これはすぐにできることではありません。私も今でも試行錯誤しています。「文字の色を変えた方がもっと見やすくなるかも？」「文章がわかりにくかったかもしれない」「画像の加工を少し調整しよう」など、日々自分の投稿と向き合って改善ポイントを探していく感じになります。

投稿の改善方法についても、この後しっかり説明していくので安心してください。一気に情報をお伝えしてあれもこれもやらなきゃ！　と感じた方もいるかもしれませんが、==ひとつずつ丁寧に試行錯誤して試していけば大丈夫==です。

③ フォロワーさんとのコミュニケーション

最後に、とっても大切なのがフォロワーさんとのコミュニケーションです。==フォロワーさんからの反応は、他の何よりも発信のモチベーション==になります。

アカウントを育てたり、どうしたらもっとよくなるか考えたり、投稿を作るのは本当に大変です。私は1つの投稿を作るのに平均2～3時間、長いときは4時間以上かかりますし、アカウントのことを考えている時間もとても長いです。考えすぎて眠れなくなり、気づいたら朝になって

いたことも何度かありました。

　私は発信が好きなので基本的には楽しく取り組んでいますが、それでもやっぱり疲れることがあります。疲れて体調を崩したり、ぐったりして「もう頑張れないかもしれない……」と思って引きこもる時期があるのですが、そんなときにいつも元気をくれるのがフォロワーさんからのコメントやDMです。
「いいね」ももちろん嬉しいのですが、具体的に言葉にして「参考になった」「ありがとう」と言われるとすごく嬉しくて、頑張って投稿を作ってよかったと思えます。こういった反応がなければ、私はこれまで続けて来れませんでした。

　ですから、もしコメントやDMをもらったときには、できるだけ丁寧にお礼の気持ちを伝えていきましょう。私の周りの発信者の方を見ていても、コメントやDMに向き合ったりフォロワーさんと積極的にコミュニケーションを取っている方は、フォロワーさんと一緒にアカウントを運営している雰囲気があって楽しそうで、素敵だなと感じます。

　返信も数が多くなってくると結構大変なものですが、あくまで自分ができる範囲でいいので、フォロワーさんからの反応や要望と向き合っていくことが大切です。そうすれば自分もフォロワーさんもポジティブな気持ちを共有できて、長く楽しくアカウントを続けていくことができるはずです。

03 アカウントを作る前に 決めること

　実際にInstagramで投稿を始める前に、どのようなアカウントにしていくかを考えるのは非常に重要です。最初にある程度おおまかに考えておくことで、今後スムーズに進めやすくなります。

　本項目では、発信の方向性を決めるためにやるべきことの概要を掲載しているので、これからやることの全体像をなんとなく頭に入れてから、ひとつひとつの作業に進んでください。

　いちから新しいアカウントを始める人も、今運営しているアカウントの方向性を見直したい人も、ぜひ一度Chapter 1を読みながら考えてみましょう。

① メインテーマと投稿カテゴリを考える

　まず最初に、メインとなるテーマ（ジャンル）を決める必要があります。例えば、「暮らし」「インテリア」「美容」「お金」「ガジェット」「旅行」といったものがあります。

　後からテーマの大幅な変更をすると、それまで見ていてくれたフォロ

ワーさんが興味を失う可能性が高いので、できれば最初からテーマは一貫している方がいいでしょう。

メインテーマを決めたら、カテゴリについても考えます。Instagramのアカウントではなくブログを想像すると考えやすいと思うのですが、誰かのブログに行くと、必ずと言っていいほど何かしらのカテゴリが設定されているのを見たことがあると思います。

例えば、私のブログなら、「働き方」「勉強」「ブログ」といったカテゴリを設定しています。これは自由に自分で決められるもので、どのような組み合わせでも構いません。カテゴリの組み合わせにより、他にはない自分の個性を出したアカウントを作ることができます。

Instagram自体にカテゴリを設定して割り振る機能はありませんが、自分の中である程度カテゴリを絞って決めておけば、方向性がブレることなく、見ている人も「アカウント全体の内容に統一感がある」と思うはずです。

ブログのカテゴリ一覧

同じ「暮らし」をテーマとしたアカウントでも、カテゴリでいうと「美容」「働き方」「商品レビュー」を主軸としている人もいれば、「インテリア」「夫婦の話」「子育て」を主軸とする人もいます。
「美容」をテーマにしているアカウントも、「韓国コスメ」「スキンケア」といったカテゴリの人もいれば、「プチプラコスメ」「イエベ向けメイク」

を中心に発信している人もいるので、テーマの中でさらに方向性が分かれます。

このように、**メインとなる全体のテーマ（ジャンル）を考えるだけでなく、さらにそれを細分化したカテゴリまで考えておくことで、より具体的なアカウント作成に繋がります。**

② 自分だけのコンセプトを作る

メインテーマとカテゴリまで決まったら、「どのようなアカウントなのか」がより伝わりやすいように、アカウントのコンセプトをはっきりさせていきましょう。

「美容ジャンル」というだけではふんわりしていたアカウントが、カテゴリとコンセプトを決めることによってだんだんくっきりしてきます。

コンセプト作りには、さまざまな言葉を知ること、そして言葉の最適な組み合わせを知ることが必要です。「コンセプト＝自分のアカウントを言語化して一言でまとめること」として捉えてください。

類語辞典を活用したり、いくつもの言葉の組み合わせを考えるなどして、私自身もコンセプト作りには長い時間をかけました。出来上がったものを何度も何度も見直して、今のコンセプトが出来上がっています。

コンセプトは自分のアカウント全体のキャッチコピーでもあるので、いつでもどこでもその一言を思い出せば投稿の方向性がブレることがなくなります。

コンセプトをプロフィールに書いておけば、他の人から見ても一目瞭然で「このアカウントはこういう内容を発信してるんだな」と伝わるようになります。

コンセプトは自分にとっても見てくれる人にとってもあった方がわかりやすいので、じっくり時間をかけて考えてみてください。

③ 見てほしい人や仕事のことを想像する

Instagramを試行錯誤しながら継続すればフォロワーさんは増え、いつか仕事も舞い込んでくるようになるでしょう。

ただし、なんとなく「フォロワーさんが増えてほしい」「何かいい仕事があったらいいな」とふんわり考えるのではなく、ここもぜひ具体的に考えておいてください。

どんな人に投稿を見てもらいたいのか、どんなフォロワーさんと繋がりたいのか、どんな企業と仕事がしたいのか。私もアカウントを始めるときこれらのことを考えていて、実際に1〜2年後にそれが実現しています。

どのような人に見てもらいたいか、どんな企業と仕事がしたいかというのは、アカウントのテーマ・コンセプトすべてと一貫している必要があります。

「フォロワーさんの属性はこんな人」と想像しておくと、自分が誰に向けて発信するのかがはっきりします。「とにかくフォロワーさんが増えれ

ばいい」と思って投稿していると、だんだんアカウントのコンセプトがブレてしまって、誰にも刺さらない投稿が増えてしまう可能性があるので注意が必要です。

　仕事については、そもそもInstagramがどんな仕事に繋がるのかまだ想像しにくい人もいると思うので、後ほど詳しく説明します。

　多いのは、広告としての役割です。「今度新製品のガジェットを発売するから、投稿で紹介してほしい」といった、アカウントでの商品紹介を依頼されることは仕事の内容として多いです。

　ここでも例えば「いつも愛用しているガジェットの企業といつか仕事ができたらいいな」と思ったら、そのガジェットについて常々紹介していると声がかかりやすくなるかもしれません。このように事前に想像しておくことで、どんな種類の投稿をしていくかを考えるきっかけになります。

　Instagramが仕事に繋がるまでには、長い時間がかかります。仕事の内容にもよりますが、少なくとも半年以上、1～2年くらいの長い目で見て運営した方が、肩に力が入らずいいアカウントができるのではないかと思います。

　決して焦らず、かつ最初の段階で自分の中で計画を立てたり具体的にイメージしておくこともぜひ忘れないでください。

④ 世界観・統一感について考える

　Instagramで世界観・統一感が語られることが多いのは、Instagramが写真や動画といったビジュアルメインのSNSのためです。

以前何かで見たのですが、人はなぜか「一貫したもの」に惹かれる性質があるようです。**ぱっと見たとき同じ構図の画像が並んでいたり、どの画像も色味が統一されていると、無意識のうちに素敵だなと思う傾向があります。**

投稿の見た目と内容の統一感があり、さらにその世界観が素敵だと思ってもらうことができれば、「この人の投稿をまた見てみたい」と感じた人がフォローしてくれます。

私はもともとセンスがある方ではなく、世界観も統一感もよくわからなかったので「世界観があるとはどういうことか」「どうしたら統一感を出すことができるのか」と、Instagramに限らずさまざまなコンテンツを分析しながらたくさん考えてきました。

自分だけの世界観を作ったり統一感を出していく方法について、順を追って紹介するのでぜひ参考にしてください。

⑤ アイコン画像やプロフィール文章を作る

アカウントを作ると聞くと、アイコン画像やプロフィール設定などが主なものだと思われがちですが、これより前の段階の①〜④で紹介した内容がむしろメインです。

①〜④を考えておけば、アイコン画像もプロフィールも事前に考えたコンセプトや世界観に沿って決めればいいだけなので、どんなものにするか考えやすいでしょう。

アイコン画像はこれから長く使っていくもので、アカウントの顔とも言える存在です。アイコンを見て誰のアカウントか判断されることが多いので、頻繁に変えるのは得策ではありません。長く使える納得のいくアイコン画像を設定しましょう。

プロフィール文章には考えたカテゴリを書いたりコンセプトを載せておけば、見た人が一瞬でどんなアカウントか把握してくれます。

アカウントをひとつ作るのにも時間がかかり、作った後も何度も見直しが必要です。

上記の内容を、はじめから100%完璧に決められることはまずありません。やってみてわかることもたくさんあるので、6〜7割決めてあとはやりながら軌道修正するのでもまったく問題ありません。

6〜7割決めておけば方向性が180度変わってしまうことはないですし、多少の修正は後からいくらでも可能です。

失敗するのが怖くてなかなか前に進めない、決められない人もいるかもしれませんが、今の自分ができる範囲で考えて決めたら、やりながら軌道修正しましょう。それでもうまくいかなかったらまた一からやり直すことだって可能です。

実は私も過去にInstagramのアカウントはいくつか運営していて、今のアカウントが初めてではありません。うまくいかなかったときにお金を失うわけでもないので、「これでいいのかな」と不安な気持ちを持ちつつ、一歩を踏み出す勇気を持ってぜひ進んでみてください。

04 アカウントの テーマを決めよう

Chapter 1の内容は、実際にInstagramを触るのではなく自分と向き合って考える内容が多いので、手元にノートとペンを用意しておくのがおすすめです。思いついた言葉や考えはどんどんメモして、アカウント作成のときの参考にしてください。

ここでは、アカウントの一番大きな方向性を決める「テーマ」について考えましょう。一般的に、好きなものや興味があるものから決める、稼げるテーマから絞り込むなどの方法がありますが、私なりのおすすめの決め方を紹介します。

次のページから説明する①〜⑤に沿っていくつかのテーマを書き出した後に、それらの内容を見て最終的なテーマを決めてください。テーマは1つ決めてもいいですし、「インテリアと美容」「暮らしと旅行」など2つにまたがってもいいです。

自分のアカウントのメインテーマを表すキーワードを、1〜3つピックアップすることを本項目でのゴールとしてください。

長く愛されて自分も楽しく運営できる、そんなアカウント作りを目指して、テーマを決めていきましょう！

① 「人生で達成したいこと」を考える

いきなり「人生」と言うとなんだか壮大な感じがしてしまいますが、これは私も実践した方法でぜひ試してみていただきたいです。

なぜ人生で達成したいことがアカウントのテーマと関連するのかというと、長く楽しんで続けられるテーマを見つけやすいためです。

私は発信を続ける中で、Instagram を始めたタイミングで大幅に発信のテーマを変更しています。それまでは美容を自分の発信の主なテーマとしていましたが、「人生を通してやりたいこと、達成したいことって何だろう」と自問自答して、もっと気になるテーマが見つかりました。

人生で何も制限がなければやってみたいことは何かと聞かれたら、私にとってはそれが「語学が堪能になっていろいろな人とコミュニケーションを取ること」「まだ知らない分野について学ぶこと」でした。また、

海外旅行も好きで「語学」「海外」「勉強」といったキーワードがノートに並んだので、美容とは全然違うテーマに自分で戸惑ったのを覚えています。

1. 英語、韓国語、インドネシア語を話せるようになりたい
いろんな言語でコミュニケーションしたり、どんな風に世界の見え方が変わるのか見てみたい

2. 仕事や働き方は自由でいいと伝えたい
同じように一般的な働き方が苦手な人の救いになりたい

3. 文字、フォントが好き、文字デザインを見てるとわくわくする
デザインのお仕事をしてみたい

やってみたいことをメモしたノート

しかし、このように一度 Instagram や発信からあえて離れて人生でやりたいことについて考えてみることで、それまでの発信とは全然違うテーマを見つけるきっかけになったので、これはやってよかったなと思っています。

Instagramで発信するジャンルを考えるとなると、どうしてもInstagramの中で考えてしまったり、稼げるかどうかを軸にして決めてしまうかもしれません。

利益を追求するアカウントでは稼げる伸びしろがあるジャンルを選んで正解だと思いますが、個人で楽しくアカウントを運営しつつ仕事にも繋げたいとなってくると、また違った考え方でのジャンル選びが必要になってくると思います。

もちろん、本書では仕事や稼ぐことに繋げる内容についてもしっかり説明するのですが、それも含めてSNSを通して人生全体が楽しくなるような運営方法についてお伝えしていきたいと思っているので、一度SNSのことは忘れて、これからやってみたいこと、好きなことについて考えてみてください。それを思いつく限り、いくつでも書き出しておいてください。

② 「興味が持てること」をすべて書き出す

①はおすすめの方法ではありますが、人生でやりたいことは今は特に思いつかない、人生と言われると壮大な感じがして逆に考えづらいという人もいると思います。そこで、①とは別に、興味が持てることを気軽に書き出してみましょう。

ここでのポイントは、<u>「興味を持っていること」ではなく、「興味が持てること」を書き出す</u>というところです。

今すごく好きなわけではないけど、このジャンルは面白そうだなとい

う程度で構いません。現時点で興味を持っているものから、これから興味が持てそうなものまで、ありとあらゆるものを書き出してください。

　私の場合は、人生で何をしてみたいかと聞かれたら、「多言語が話せるようになりたい」「世界のいろいろな人とコミュニケーションを取ってみたい」でしたが、その他にもインテリア、音楽、文章を書くこと、ガジェット、文房具、読書など好きなことはたくさんあります。

　一番好きなことをメインテーマにしようと提案される場合もあるかもしれませんが、私は今一番好きなことでなくても発信のテーマに選んでいいと思っています。

　なぜかと言うと、自分が好きなことと周囲に期待されることが違う可能性があるからです。「好きなことより得意なことを仕事にしよう」という考え方がありますが、私はこれに賛成です。それか、好きなことと得意なことが被る部分を仕事にするのがいいでしょう。

　好きなことをきっかけにしたり、好きなことをもとに考えるのはいい方法ですが、それが絶対的な正解ではなく、自分に期待されることが他に見つかればそれに合わせていくのもひとつの手です。

　最初は好きではなくても極めていったら楽しくなって好きになる可能性が高いので、少しだけ興味があることについても幅広く書き出してみてください。

③　過去の経験と知識から自分の需要を考える

　②で好きなことと期待されることが違う可能性があると書きましたが、③ではその期待されることについて深く考えていきましょう。

42

人から期待されること＝自分の需要です。これは、悩みやコンプレックスに基づいていたり、何気なくやっていたこと、自分にとっては当たり前だけど他の人にとっては普通ではないことなどが当てはまるので、**なかなか自覚していないケースが多い**です。

　例えば、私なら、働き方や文字がこのケースに当てはまります。

　働き方は私自身がずっと悩んできたことで、組織に馴染めなくてストレスがたまってしまう、楽しく働けない、何をしたいのかがわからないとずっともやもやしていました。

働き方に関する投稿

　それを解消するため、たくさん悩んで働き方を模索して今の形に落ち着いたのですが、**私みたいな働き方を実現するにはどうすればいいかと聞かれるようになり、需要があることを知りました**。

　文字については、たまたま友人が私のノートを見て「きれいだね」と褒めてくれたことや、Instagramで勉強ノートの中身を載せていた人がいたことから私も試しに載せてみたのですが、意外にも楽しんで見ていただけて「文字の書き方を知りたい」「もっとノートの中身が見たい」と言ってもらえるようになりました。

43

文字は昔から自分なりのこだわりはあったものの人に見せるという習慣はなかったので、発信してみて初めて気がついた需要でした。

　こんな風に、**今自覚できる範囲でいいので、好きなこと以外の悩み、コンプレックス、自分では特別だと思わないけど人から褒められたことなども書き出してみましょう。**

文字に関する投稿

④「好き」と「仕事」のバランスを考える

　ひとつ注意したいのが、好きなことでテーマを絞ってしまうと仕事に繋がりにくい可能性があることです。**楽しさだけを求めるなら好きなことの範囲で最終決定してもいいのですが、アカウントを通して何か仕事をしたい場合には、慎重に選ぶようにしてください。**

　テーマはニッチすぎず、幅広く考えた方が仕事に繋げやすいです。

例えば私は語学が好きなので、「英語」に関する発信を考えたとします。このとき、「英語」をメインテーマとすることもできますが、投稿の幅が限定されます。

英語について深く掘り下げたアカウントにしたい場合や、今後英語のスクールを作ったり英語に関連するサービス紹介などを行うのなら、英語に絞ったアカウントでよいと思います。

ただし、企業のPR案件など広告に関する仕事になってくると、英語がメインテーマのアカウントの場合はオンライン英会話やスクール、英語教材などの案件が主なものと考えられます。

扱ってはいけないPR案件はありませんが、英語をメインテーマとしたアカウントで急にダイエット商品やサプリメントなどを紹介するとフォロワーさんが戸惑ってしまうので、おすすめはしません。

幅広く企業のPR案件を受けたいなと思ったら、英語のもうひとつ外側の「勉強」をテーマにしたり、学生さんなら「学生生活」の中での勉強として英語について発信する方法があります。そうすれば、PR案件に関しては「文房具」や「日用品」のジャンルを引き受けられる可能性が高くなります。

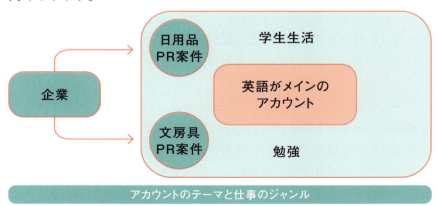

アカウントのテーマと仕事のジャンル

もちろん、英語をメインテーマとすることがよくないという意味ではありません。アカウントの延長線上での仕事を考えて、それが英語のアカウントと合致するならむしろ英語に絞った方がいいでしょう。英語の講師として活動したり、オリジナルの英語教材を作ったり、このような仕事をしたい場合には英語をメインテーマにしていた方が説得力があります。

　このように、テーマを決める際には、仕事のことも考えながらどの部分を切り取ってメインテーマとするか考えてみてください。

⑤　気になるテーマのアカウントを見てみる

　最後に、気になっているテーマのアカウントを実際に見てみましょう。アカウントにより、同じテーマでもいろいろな発信の形があることがわかると思います。

　自分が見ていて楽しいなと思うアカウントがあったら、そのテーマを取り入れるのもいいと思います。私も、何かのきっかけで海外の方のデスク周りの投稿を見て素敵だなと思い、自分のアカウントでもデスク周りについて発信するようになりました。

　①〜④で書き出したキーワードをInstagramの検索窓に入れて、どんな投稿やアカウントがあるのかじっくり見てみてください。

　発信に限らず何においても、人の作品や考えを参考に勉強することで自分の視野も広がります。アカウント運営を始めてからも他の人のアカウントを見たり、今どんなことが流行っているのか、人気のトピックは

何かなどを頻繁にチェックするようにしましょう。

①〜⑤までそれぞれの項目について考えて書き出したら、ノートに並んだ言葉を改めて眺めて、より気になる言葉を書き出したり、カラーペンなどで印をつけていきます。

さらにその印をつけた言葉を見比べて、自分が長く楽しく続けていけそうなテーマを決めましょう。アカウント運営を本格的に始めるまでは何度でも見直したり変更することができます。仮でも構わないので、ここで一旦テーマの方向性を決めてみてください。

05 | 投稿のカテゴリを考える

　大きなテーマが決まったら、次に投稿のカテゴリについて考えます。少しお話ししたように、Instagram自体に各投稿のカテゴリを設定できるような仕組みはまだありません。

　しかし、事前にどのようなカテゴリの投稿を行うか考えておくことで、アカウントのテーマや方向性がブレにくくなります。必ず決めたカテゴリの投稿をするというわけではなく、ときどき違う投稿をしてもいいのですが、大まかなものは決めておきましょう。

　ここでは、カテゴリを決める方法について手順を紹介します。

① テーマ決めで書き出したキーワードを抜き出す

　まずは、テーマ決めのときに書き出したメモやノートを改めて見てみましょう。さまざまなキーワードがあると思いますが、そのキーワードを並び替えながらカテゴリを作っていきます。

　できれば文字が書ける少し大きめのふせんを用意して、ふせん1枚にひとつずつキーワードを書き出してください。

例えば、ノートに「勉強」「韓国語」「英語」「iPad」「趣味」「投資」「お金」「文房具」「仕事」「デスク周り」といった言葉が並んでいるとします。

これらのキーワードを書き出し、机の上に貼って全体を見てみましょう。さらにカテゴリが近いと感じるもの同士を隣に並べたり、場合によっては重ねて貼っていきます。

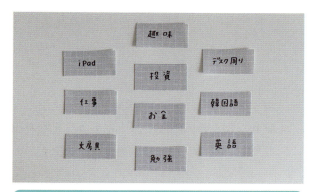

ふせんにキーワードを書き出す

上記の例で言うと、「勉強」「韓国語」「英語」は同じグループとしてまとめられ、「勉強」の下に「韓国語」と「英語」があると言えるので、そのように貼り直します。

また、iPadを趣味で使う人は多いので「iPad」と「趣味」を近くにしたり、「投資」と「お金」を近くにしたり、逆に「iPad」と「投資」「お金」はあまり関連性がないように感じるので離して貼っておきます。

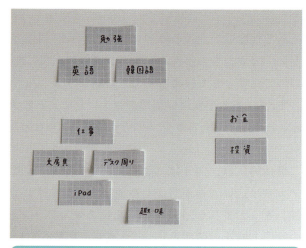

ふせんを分けていく

このように出てきたキーワードをグループに分けたり、関連性の有無によって近さを調整することで、頭の中でふわっとしていたカテゴリがはっきりしてきます。

ここまでできたら、以下の項目をもとに最終的なカテゴリ決定へと進んでください。

- ■ 扱うカテゴリは5 ～ 10個になるように選ぶ
- ■ 離れたところに貼ってあるカテゴリを両方扱うべきか考え直す
- ■ ひとつひとつのカテゴリがバラバラすぎないか検討する

この時点でカテゴリが少なすぎたり、逆に多すぎるのはあまりおすすめしません。2つ目の手順で、いろいろなカテゴリの投稿をしながらフォロワーさんの反応を見るのに少なすぎてはよくないですし、多すぎるとコンセプトを決めるときに苦労します。

ある程度近い種類のカテゴリで、5 ～ 10個程度に留めておくとちょうどいいです。もちろん3 ～ 4個、11個以上では絶対ダメということはないので目安として捉えてください。

また、「ある程度近い種類のカテゴリで」とお伝えしたように、離れたところに貼ってあるカテゴリ同士を扱うべきなのか少し考えてみましょう。

具体的には、例えば「勉強」と「文房具」「デスク周り」といったカテゴリは近いことが想像しやすいと思います。「勉強」と「仕事」、「勉強」と「お金」も、「仕事のためにスキルアップとして勉強する」「お金の管理方法を勉強する」という意味で比較的近いものと考えていいと思います。

ただ、「お金」と「iPad」「ガジェット」は少し遠いので、この両方を扱うかどうか考える、というイメージです。

最後に、ひとつひとつのカテゴリの関連性についても見ておきます。私もそうなのですが、多趣味な人や好奇心旺盛な人の場合いろいろなカテゴリを詰め込みすぎてしまう可能性があります。カテゴリを詰め込みすぎるとバラバラな印象を与えてしまい、内容の統一感が出にくくなるので注意が必要です。

例を挙げると、「美容」と「ガジェット」、「勉強」と「旅行」、「文房具」と「恋愛」など、カテゴリ同士の距離が遠いことがなんとなく伝わるでしょうか？

ただし、もしかすると「美容」と「ガジェット」両方のカテゴリを扱っても不自然ではない、例えば「美容も仕事も頑張りたいOLの暮らし」のようなコンセプトなら（コンセプトについては次の項目で考えます）どちらも扱っても大丈夫かもしれません。

このように、**コンセプト次第では一見離れたカテゴリも扱うことができる可能性があります**。

そのため、ひとつひとつのカテゴリを見てバラバラすぎないか見直しつつ、明らかに離れているものについてはどちらかひとつを検討したり、もしかしたらコンセプト次第で両方扱えるかもと思ったらとりあえず2つとも残しておいて、手順②を読み進めてください。

② 仮のカテゴリを決めて反応を見ながら絞り込む

この後は投稿しながら、最終的に絞り込んでいくようにしましょう。

　Chapter 4から実際に投稿する方法について書いているのですが、アカウント運営を始める前は当然ながら見てくれる人がいないので反応をもらうことができません。そのため、ここでは仮のカテゴリを考えておき、実際に投稿を開始したらフォロワーさんの反応を見てカテゴリを絞り込んでいきます。

　私も初期の頃このようにアカウント運営を進めていて、最初の半年くらいかけて、フォロワーさんの反応を見ながら最終的なカテゴリを決定しました。

　アカウントを始めた頃は「夫婦の暮らし」「貯金」「投資」「働き方」「勉強」などのカテゴリをメインに考えていて、そのような投稿が多かったのですが、「iPad」や「文房具」のカテゴリについても投稿したところ、意外にもそちらの投稿がフォロワーさんからのリアクションが多いことに気がつきました。

　そうして、「私に求められているの

過去の投稿

は、お金の使い方といった内容よりは働き方や勉強に関することなのかもしれない」と考え、最初に考えていた「夫婦の暮らし」「貯金」「投資」などのカテゴリの投稿はしないことに決めました。

注意してほしいのが、これはあくまでも私の例だということです。私の例を見て「夫婦の暮らしやお金の投稿よりも勉強系の方がいいんだ」と考えるのは間違いです。ぜひ自分で実際に試してみてください。人により何が求められているか、どの投稿のどんな部分が人の心に響くかは違ってくるからです。

お金の使い方や管理方法についてわかりやすく解説できる人は、そちらの投稿の方が反応がいい可能性が高いです。他にも、思わぬカテゴリの投稿が反応を呼んでフォロワーさんにも評判がよかった、というケースもあるでしょう。
自分でもどんな投稿が伸びるのかわからないのがSNSの面白いところでもあるので、①で書き出したカテゴリについては、一度は投稿して反応を見るといいと思います。

ここまでで、大きなテーマとある程度のカテゴリが決定しました。次は、自分だけのコンセプトの作り方について一緒に考えていきましょう。

06 自分だけの
コンセプトの作り方

　私が発信においてもっとも重要だと考えているのが、コンセプト作りです。Googleで「コンセプトとは」と調べると「概念」「全体を貫く基本的な観点・考え方」などと出てきます。Instagramでは世界観が大事と何度もお伝えしていますが、この世界観作りにコンセプトは欠かせません。

　コンセプト作りは1回で終わりではありません。何度も考え直して作り直してやっと出来上がるものなので、カテゴリと同様にここでも完璧に作ろうとせず一旦決めておくようにしてください。

　とりあえずでも決めておくのと決めないのでは、今後の方向性がまったく変わってきます。一度仮の方向を決めれば走り出すことができますが、何も方向がわからないと走り出すこともできません。仮でもいいのでコンセプトをひとまず決めて走り出す方向を決定しましょう。

　コンセプトは、言葉選びが大事です。広告もキャッチコピーも、当然ながらすべて言葉で出来上がっていますよね。少し面倒かもしれませんが、**納得いく言葉探しをしながら、その組み合わせで自分だけのコンセプトを作ってみてください**。私が決めたときの例も挙げながらできるだけ具体的に解説します。

● コンセプト作りの前に

コンセプトは2つに分けて作るのがいいと考えています。ひとつは「発信のコンセプト」、もうひとつは「目的のコンセプト」です。

どういうことかというと、自分のInstagramやSNS全体で発信していきたいテーマが「発信のコンセプト」で、発信の目的を表すのが「目的のコンセプト」です。

具体例を出した方がわかりやすいと思うので、私の例をもとに解説します。私の場合は、下記のように2つのコンセプトを自分の中で設定しています。

発信のコンセプトと目的のコンセプトの2つを考える
- 発信のコンセプト→「韓国好き社会人の暮らしと勉強」
- 目的のコンセプト→「生きづらさや働きづらさで悩む人の助けになりたい」

発信全体としては、私は韓国文化が好きなので「韓国好き社会人」と自分のことを表し、そんな私の暮らしと勉強の様子についてお届けするという内容を一言で表しています。

目的の方では、なぜ発信をするのか？　と考えた結果の結論を一言でまとめています。

私の場合は子どもの頃から生きづらさを感じていたり、働き始めてからは仕事や働く環境で悩んできたので、同じような人の気持ちが和らいだり楽しく生きていくための参考に少しでもなれたらいいなという想い

でいます。そのために、好きな韓国文化を伝えつつ、暮らしや勉強の工夫についてお伝えすることで「目的のコンセプト」を達成したいと思っています。

「目的のコンセプト」にもし他のパターンがあるとしたら、韓国が好きだから「韓国文化をもっと多くの人に知ってもらいたい」「韓国文化の魅力が伝わるように見ていて楽しいコンテンツを作りたい」なども考えられるでしょう。

「発信のコンセプト」はアカウントを見た人がぱっと一目でどんなアカウントかわかるようにするため、そして発信の方向性がブレないためのものです。

「目的のコンセプト」は自分の中での指針のような、何のためにそれをするのかというモチベーションの要素もあります。

　この2種類を考えておけば、発信の方向性がより強固なものとなります。
　次の手順でコンセプト作りのヒントを集めて、最後にキーワードを組み合わせる作業を進めていきましょう！

● コンセプト作りのヒントの集め方

　コンセプト作りのヒントを集める段階で、自分にとって大事なキーワード、気になるキーワードを集めます。考えたり調べたり、さまざまな言葉を書き出すことで、よりぴったりなコンセプトを作ることができます。

① テーマとカテゴリに関連するキーワードを書き出す

　まずは、すでに決めたテーマやカテゴリから、改めてキーワードを書き出しましょう。

　私の例で言うと、「暮らし」「勉強」「韓国」「語学」「iPad」「デザイン」「フリーランス」「働き方」などがこれに当てはまります。

　発信内容と少しでも関連しそうな言葉であれば、幅広く書き出して構いません。

実際のノート

② 好きなことや伝えたいことを一文にして10個書き出す

　次に、①で書き出したキーワードをもとにして、20〜25文字前後の短い一文を作ります。

「発信のコンセプト」か「目的のコンセプト」かは複雑に考えず、自分の好きなことを表す一文や、伝えたいなと感じることを表す一文などを作りましょう。

　これを10個以上頑張って書き出してみてください。

実際のノート

③ 重要だと感じる文章や単語にアンダーラインを引く

①や②で出てきた文章や単語の中から、気になる箇所にアンダーラインを引きます。似たような文章や単語だとしても、「こっちの言葉の方がよりしっくりくるな」など、直感でいいと思ったものを選んで大丈夫です。

④ 言葉の組み合わせのヒントを探す

言いたいことはあるのにぴったりな言葉が思いつかないというときは、類語辞典で語彙を増やしましょう。語彙力は、発信において非常に重要な力です。何を表すにもやはり言葉が必要になってくるので、言いたいことを的確にわかりやすく言い表せる力は発信で力になってくれるでしょう。

気になる言葉があれば「○○ 類語」とGoogleで調べます。上位からいくつかのサイトを見ていけば、いろいろな類語を知ることができます。
その中でも私がおすすめなのは「連想類語辞典」というサイトです。こちらのサイトでは厳密な類語だけではなく、文字通り連想される少し離れたカテゴリにある言葉も知ることができるので、より多くの言葉の中からぴったりな言葉を探せます。

他にも、街中や電車の広告、書籍の帯に書いてあるキャッチコピー、雑誌などを見る方法もおすすめです。私はこれが習慣になっていて、電車に乗っていてもさまざまな広告を見て「この言葉最近よく見るな」「この言葉より違う言葉の方がもっといい感じなのにな」といったように勝手に分析しています。

こうして常日頃から語彙を増やし、よりよいコンセプト作りに役立ててみてください。これは一朝一夕にできるものではないので、ノートやメモアプリに書いて地道にストックしていくようにしましょう。

⑤ 調査資料を読み込むのもおすすめ

発信しようと考えている分野について、調査資料を読み込むのもいい方法です。

例えば、私は働き方についても発信しようと思っていたので、女性の働き方について最近の傾向や考え方を知りたいと思い、『働く女性のくらしとお金に関する調査2020［日本FP協会］』という資料を読んだことがあります。

そこには、女性が理想とするキャリアのイメージや副業したいと思っている人の割合、現在の税制制度の認知度などが記載されていました。非常に勉強になり、どのような人に向けてどんな内容の投稿を作るのかの参考になりました。

また、調査資料の中に「ゆるキャリ志向」という言葉が出てきて、「ゆるキャリ」という言葉をコンセプトに組み込むのもいいかもしれないなどと考え、それも当初メモしていました。

①～⑤まで取り組めば、コンセプトを考えるのには十分な数の言葉が並んでいることと思います。これらのキーワードをいろいろなパターン

で組み合わせることにより、コンセプトを作ることができます。

　絶対に外せない言葉、自分の発信においてこの言葉だけは絶対に入れないとわかりにくくなってしまうという言葉については目立つように丸をしたり、「重要な言葉」として改めて書き出しておきましょう。私なら、「暮らし」「勉強」「働き方（仕事）」は外せないので、コンセプトに絶対入れようと決めていました。

　②で書き出した10個の文章の中に、70％以上しっくり来るコンセプトを表す文章があれば、それをそのまま選んでもいいでしょう。

　今決めたものも実際に発信するにつれて徐々に変化していくものなので、だいたい70％くらいいい感じだなと思えば、先に進んでください。

　ここまでテーマ・カテゴリ・コンセプトとたくさん考えることがあり大変だったと思いますが、ひとまず発信の方向性としてはおおまかにでも決まったかと思います。

　Chapter 1の後半は投稿を見てくれる人や仕事について考えたり、アカウントのアイコンやプロフィール文章を具体的に作っていきましょう！

07 「見てほしい人」を 考えよう

どこまでリアルに具体的に画面の向こうの人を想像できるかにより、発信のリアリティも磨かれていくと私は思っています。想像力ももちろん大事ですが、それだけではありません。

自分のアカウントが誰のためにあるのかと誠実に考える気持ちや、見てほしい人について研究したり調べたりする労力、フォローしてくれた人のアカウントをこまめに見に行く小さな一手間など工夫できるポイントはたくさんあります。

実際にアカウント運営を始めた後も、見てほしい人について考える時間は必ず作ってください。そうすることで、他の投稿ではなくあなたの投稿が見たい、いつも参考になるからまた見に行こうと思ってもらえるような一人ひとりの心に刺さる投稿・アカウント作りができるはずです。

本項目では、投稿やアカウントを見てほしい人について具体的に考える方法をいくつかお伝えします。

① 年齢・性別・職業など基本情報を考える

　まずはシンプルに年齢や性別から考えましょう。

　女性に向けてコスメ情報を発信したいなら当然女性向けになりますし、仕事について発信するならこれから仕事をバリバリがんばりたい20代女性向けなのか、子育てしながら在宅ワークも頑張りたい30〜40代女性向けなのか、年代によって少し方向性が変わってきますよね。ざっくりと、あなたが発信しようとしている相手はどんな人なのか考えてみてください。

② 過去の自分を「見てほしい人」に設定する

　発信しようとしている内容にもよりますが、自分の体験談や知識をもとに発信しようとしている場合、過去の自分を想像して発信するのはやりやすい方法です。

　私も投稿を作るとき、「過去の自分が知りたかっただろうな」という目線で投稿作りをすることが多いです。

　ふと、昔の自分が今の私のアカウントに出会ったらどんな気持ちになるかな？　と想像したりもします。ワクワクするのか、救われた気持ちになるのか、投稿を保存して参考にしようとするのか……。どんな行動を取るのか考えてよりよい投稿内容を考えようと常々思っています。

　過去の自分の言動や考え方は振り返りやすく具体的に思い出しやすいと思うので、「見てほしい人」の代表的な例として設定しておくのはおすすめの方法です。

③ どんな人と友達になりたいかを考える

　SNSはコミュニケーションありきの世界です。実際に会って友達になるわけではなくても、コメントやDMのやりとりを楽しくできそうな人物像や、どんな人と近しくなれたら楽しそうかもぜひ考えてみてください。

　私は、語学の勉強が好きなので同じく語学の勉強をしている人と繋がれたら一緒に頑張ろうという気持ちになれてモチベーションも上がるし楽しいかも！　と考えました。すると、必然的に語学に関する発信をすることになり、それによって語学を勉強中の方にフォローしてもらえて、コメントやDMなどでのコミュニケーションが生まれます。

　他には、例えば手帳が好きなら手帳デコについて発信すれば、同じように手帳が好きな人との交流ができて手帳について誰かと語り合うきっかけができます。

　発信は一方通行のものではありません。私自身、コメントやDMなど何かしらリアクションをいただいたときが一番嬉しくて、同じ目標やいろいろな考え方を持つ人とお話ししたり一緒にがんばれるのは、本当に幸せなことです。

　「ターゲット」という言葉から想像するよりも、単純にどんな人とコミュニケーションが取れたら楽しいか、と考えると自分も相手も楽しいアカウント作りができるのではないかと思います。

④ フォローしてくれた人のアカウントを見に行く

　これは今後アカウントを運営していく中で実践していただきたいことなのですが、フォローしてくれた人のアカウントをこまめに見に行くのはおすすめの方法です。「フォローしてもらった」で終わるのではなく、普段からどんなことに興味を持っている人が自分のアカウントをフォローしてくれたのかを知ることで、今後の投稿作りの参考になるからです。

　例えば、私のアカウントは、勉強・日常・インテリア・手帳・美容などを中心としたアカウントからフォローしていただくことがよくあります。勉強や日常では、自分の勉強や日常生活の記録を載せていたり、手帳系アカウントでは手帳の中身や手帳デコについて発信している方が多く、そういった投稿の内容やプロフィール文章を見て「韓国語の勉強をしていて、私の韓国語勉強の投稿から興味を持ってくれたのかな」などと予想しています。
　また、勉強系アカウント、手帳系アカウントの他、ガジェットやiPad系アカウントなどからもフォローしていただくことが多いです。

　最近は全員のアカウントを見に行くことはできなくても、フォローしてくれたアカウントのユーザー名にstudyと入っていたら「勉強系のアカウントかな？」と予想したり（お知らせ一覧でどんなユーザー名の人にフォローされたかがわかります）、できるだけフォロワーさんの属性や興味があることを把握するようにしています。

　手帳系アカウントからフォローしてもらうことが多いと気がついたら手帳に関する投稿を積極的にしてみるなど、投稿内容について考えるきっかけになります。実際に、私もそんなにたくさん手帳の投稿をして

いないときに手帳系アカウントの方からのフォローが増えたので、手帳についても意識的に投稿するようになりました。

なかには見る専用のアカウントも多いですが、**アイコン画像やプロフィール文章から性別や年代を把握することもできます**。特に最初のうちはこまめに見に行って、自分のアカウントに興味を持ってくれた人がどんな人なのか知るようにしてください。

⑤ 「誰に向けたアカウント?」と聞かれて即座に答えられるか

今はまだはっきりとしていないかもしれませんが、アカウントを続けるにつれて「あなたのアカウントは誰に向けたアカウントなの？」と聞かれたときの答えについて考える必要があります。

私なら、「仕事や勉強をがんばっていきたい主に自分と同じ女性の社会人や学生の方」「過去の私と同じように生きづらさや働きづらさを感じている方」「韓国の文化が好きな方、語学が好きな方」と答えます。

性別や年代だけでなく、何に興味があってどう考えている人に向けて発信したいのか、どんな人のためのアカウント作りなのか常に考えることで、誰かの心に残る投稿作りに繋がります。

アカウント運営を進めながら、定期的に「誰に向けたアカウント？」と自問自答し続けてくださいね。

08 | 仕事を具体的に イメージしておく

　ときどきDMで「SNSで発信してどうやって仕事になるんですか？」と聞かれることがあります。私が本格的に発信を始めて思うのは、SNSが思った以上にあらゆる仕事に繋がっているということです。

　始める前には想像もつかなかったような仕事が舞い込んでくることもありますし、私の著書についても1冊目はブログがきっかけで、2冊目はまさにInstagramのDMから連絡をいただいたことがきっかけで出版が決まりました。

　ここでは、SNSを通してどのような仕事に繋がる可能性があるのか、いくつかのパターンについて紹介します。

❶ Instagramで仕事が完結するパターン：企業のPR案件、アフィリエイト広告
❷ Instagram以外での仕事を依頼されるパターン：書籍出版、メディア出演、講演依頼
❸ 他のサービスと連携させるパターン：オンライン講座、教材販売、オリジナル商品販売、楽天ROOM、Amazonインフルエンサープログラム、他のSNSでの広告報酬

① 企業のPR案件

一番想像しやすいのが、企業の商品やサービスのPRの仕事です。

InstagramではPR投稿に関しては「タイアップ投稿」というラベルを付けることが義務になっていて、投稿の上部に表示されているのを見たことがある人もいるでしょう。

私も月に数件、依頼されたPR案件を実施しています。日頃から愛用しているブランドの企業から依頼をいただいたり、新商品を一足先に使用させていただくケースもあります。

タイアップ投稿

PR案件の報酬形態は企業により異なりますが、大きく分けると固定報酬と成果報酬の2つのパターンがあります。固定報酬は、1投稿あたり〇円と決まっている形の報酬形態です。成果報酬は、ストーリーズにリンクを貼ることができるので、そこから商品やサービスを購入した人数に応じて報酬が変わるというものです。

金額は本当にさまざまですが、自分の中での基準があればそれに合わせて交渉して金額を決めることも可能です。

依頼の流れとしては、企業から直接依頼が来ることもあれば広告代理店から連絡が来ることもあります。

② アフィリエイト広告

企業のPR案件と少し似ていますが、依頼がなくとも自分でアフィリエイト広告を探してストーリーズなどに掲載し、報酬を得ることもできます。

以前はブログやWebサイトでのアフィリエイト実施がメジャーなものでしたが、近年では各SNSも登録できるようになりInstagramでもリンクを貼れるようになりました。

ただし、PR案件もアフィリエイト広告も多すぎると、タイアップ投稿ばかりが増えてしまいフォロワーさんの満足度や期待の低下を招く恐れがあるので注意が必要です。

仕事をして対価をいただくのはまったく悪いことではありませんが、あまりにタイアップ投稿が増えすぎると稼ぐことだけに注力しているように見えてしまい、発信者の本音がわからなくなる恐れがあります。

これについては「Chapter 6 仕事を始めよう」で詳しく解説します。

③ 書籍執筆・メディア出演

書籍執筆やテレビ出演、雑誌掲載などの依頼が来ることもあります。周りを見ていても、インフルエンサーさんが書籍を出版したりテレビに出演したり、雑誌でインタビューが掲載されるなどのケースはとても多くなったと思います。

あるジャンルでフォロワーさんが多くいる＝特定のジャンルに詳しい人と言えるので、各方面で意見やノウハウ紹介などを求められることが増えていきます。

私は昔から本が好きで本に何度も救われてきたので、ブログを始めて文章を書くのって楽しい！と思い始め、「私もいつか本を出せたらいいなあ」なんて思うようになりました。そうしてブログやSNSでも「本を出したい」と積極的に書くようにしたところ、チャンスをいただくことができました。

2冊の著書

それまではまさか自分が本を出すなんて思っていなかったし、ましてこのようにブログやSNS、書くことなどについて本を書く日が来るとはまったく想像もしていなかったので、前著にも書きましたがいまだに本当に不思議な気持ちです。

今は想像できなくても、発信を続けて自分なりのコンセプトがはっきりしてそのジャンルに詳しい人と思われるようになれば、書籍執筆やメディア出演のチャンスはきっと舞い込んでくるでしょう。

本やテレビなど活躍の場を広げていきたい人にも、Instagramはいいきっかけになるはずです。

④ 講演・セミナー実施

　講演やセミナー講師として活動している方もいらっしゃいます。
　SNSではなかなか直接顔を見てお話しできる機会はありませんが、講演やセミナーならフォロワーさんにお会いしたり普段SNSを見ない方にも自分のことを知ってもらえたり、また新しい世界でとても面白いと思います。

　私は普段講演などを行うことはほとんどありませんが、これから挑戦してみたいと思っているところです。

⑤ オンライン講座や教材作成

　自分だけのオリジナルサービスとして、オンライン講座や教材などを作成するケースもあります。最近では、個人が気軽にオンライン講座を提供できる「MOSH」というサービスがあったり、「Udemy」などでオンライン講座を販売することもできます。「オンライン講座 始め方」などと検索すればいろいろなサービスややり方が出てくると思うので、興味があれば調べてみてください。

ココナラ

また、「ココナラ」などで独自のサービスを作り、Instagramで紹介する方法もあります。

例えば、英語の勉強法について発信している人が、英語勉強法の相談に乗るサービスをココナラで作りInstagramで紹介するという流れです。

ココナラでどのようなサービスが提供されているのか一度見てみると、とても参考になります。私も見てみて「こんなサービスがあるんだ」とびっくりしたことがあり、仕事のヒントにもなりました。今後何か独自のサービスを提供できたらいいなと考えている方は、今どのようなサービスがあるのか、需要があるサービスは何かを研究してみてください。

⑥ オリジナル商品の開発

特にファッションや美容・インテリア関連で多いのが、オリジナル商品の開発です。

洋服やバッグ、スキンケア商品やコスメなど、有名なインフルエンサーさんの商品を購入した経験がある人もいるのではないでしょうか。

どのような商品にするか一から決めることになるのでとても大変ですが、こだわって作ったオリジナル商品が多くの人の手に渡ったらと考えるとワクワクするし面白そうです。

「こんな商品があったらいいのに」と普段から考えている方や、「自分のブランドを作ってみたい」と思っている方はぜひチャレンジしてみてください。

⑦ 楽天ROOMやAmazonインフルエンサープログラム

楽天やAmazonなどの大手ECサイトでは、自分が購入した、もしくはこれから購入したい商品や興味がある商品などをまとめられるサービスがあります。

それぞれ「楽天ROOM」「Amazonインフルエンサープログラム」という名前で、私もどちらも登録しています。

「楽天アフィリエイト」「Amazonアソシエイト」というアフィリエイトプログラムに登録することで、楽天やAmazonの商品を紹介してそこから誰かが購入したときに、報酬が入る仕組みになっています。

楽天ROOMは名前の通り、インテリアや雑貨などを取り扱うアカウントの方が特に活用しているイメージで、オリジナルのおしゃれな写真とともに商品を紹介しています。

具体的には、投稿やストーリーズで商品を紹介して、ストーリーズに楽天ROOMや楽天アフィリエイトの商品URLを貼り、クリックして購入できるという流れになっています。

楽天やAmazonは多くの人が普段から使っているECサイトなので、フォロワーさんも使い勝手がわかりやすいですし、関連するさまざまな商品を簡単にチェックすることができます。

Instagramと楽天ROOMを連携することで、商品紹介から購入までの流れがスムーズになり、収益化にも繋がりやすいです。

Amazonインフルエンサープログラムは2023年に正式に発表された仕組みで、各SNSで一定のフォロワーさんがいる人限定のプログラムには

なっていますが、今後変わるかもしれません（2024年8月時点）。

　こちらも楽天ROOMと同様に、購入履歴や閲覧履歴からおすすめ商品を掲載したりカテゴリ別にまとめられるようになっています。

・・

　仕事に繋がるパターンとして一般的に多いのはこの7つですが、まだ私も把握できていない仕事や今後新しく出てくる仕組みもあるかもしれません。一旦今紹介した中から、今後どのような仕事をしてみたいかノートに書いてみてください。

　これから取り組もうとしている発信のテーマやカテゴリと関連して、例えば「ガジェット紹介の仕事依頼が来たらいいな」「○○というテーマで本を書いてみたい」など、より具体的にイメージできるといいです。

　最初の段階でこうして仕事について考えておけば、一生懸命発信を続けてフォロワーさんも増えたのに何も繋がる仕事がなかったなんてことにはなりにくいので、この段階である程度予測を立てておくことをおすすめします。もし仕事に繋がりにくいかもしれないと気がついたらテーマやカテゴリ決めのところに戻り、仕事まで含めてもう一度考えてみるのもいいでしょう。

09	世界観・統一感を 作るコツ

　独自の世界観や統一感の作り方についてはChapter 3で詳しく解説しますが、ここでは概要をお伝えしたいと思います。方向性を考えている今のタイミングで、どのような世界観のアカウントにしていきたいか少し考えてみましょう。

　世界観というとなんだかつかみどころのない感じがするかもしれませんが、世界観はひとつひとつの要素に分解することができます。世界観を構成しているものが何なのか知り、実際にデザインを詰める段階に向けて、考えたり情報を集めたりしてください。

世界観があるとは言語化できるということ

「世界観がある」「この人の世界観が好き」と思うアーティストさんやデザイナーさん、インフルエンサーさんはいますか？　映画やドラマなどの作品でもいいです。何かひとつ、好きな世界観を持つ人や作品を思い浮かべてみてください。
　そして、その人や作品について、何か他の言葉で言い表してみてください。

私は、その人や作品が「○○っぽい」「○○な雰囲気」「○○のような感じ」といった言葉で形容できる場合、世界観があると言えると考えています。

　どういうことか具体的に説明してみます。私は音楽が好きなのですが、好きな曲やバンド・アーティストさんを改めて見ていて、「レトロっぽい」「なつかしい感じがする」という言葉で形容できることに気がつきました。

　あるバンドは、音楽だけではなく公式サイトからフライヤー、CDジャケットに至るまですべてどこかレトロっぽさを感じるものになっています。別のアーティストさんはネオンサインを積極的に使っていて、韓国のニュートロっぽさを感じる世界観を作り出しています。

　また、私はインテリアに関して勉強中で好きなインテリアの画像をInstagramやPinterestで集めているのですが、集まった画像を眺めていたら「韓国風インテリア」「パリっぽい雰囲気のお部屋」「レトロ」「ミニマル」という共通点がありました。

「世界観＝その人が独自に考えたもの」と考える人もいるかもしれません。実は私もそう思っていたのですが、世界観を紐解いていくと、**完全独自というよりは既存のジャンルや「○○っぽさ」をうまく組み合わせることが、世界観作りに繋がることがわかってきました。**

「シンプルな感じ」「派手な感じ」「淡色系」「カラフル」「昭和」「無機質」「モダン」「白系」「モノトーン系」「パステル系」など、これから自分が作り出す世界観はどのような言葉で形容できるものにしたいか考えるのが、世界観を作る第一歩となります。

このためには、さまざまなアカウントを見てみたり、デザイン・ファッション・インテリアなどの分野で好きな世界観の画像を集めて、自分の好きなものや目指す雰囲気を客観的に分析することが必要です。

詳しいやり方はChapter 3で解説していきます。

① カラーとフォントを統一する

作りたい世界観や好きな雰囲気がわかってきたところで、それに合わせてカラーやフォントを決定します。カラーやフォント選びは、デザインの多くを占める部分です。

ただなんとなくかわいいからとカラーやフォントを選ぶのではなく、目指す世界観に合わせて選べると、デザイン力も上がってInstagramだけではなくさまざまなデザイン作りに対応できるようになっていくでしょう。

これも地道な作業ではありますが、広告やパッケージデザインなど、細かく見ていくことで知識がストックされます。「この世界観かわいいな」と思う広告があれば写真を撮っておいたり、本屋さんで定期的に雑誌を見たりもします。

私は女性誌だと「ar」の雰囲気が好きで、ときどき買ってはデザインの観点で見てみたり「どんなカラーやフォントを使ってるのかな？」と集中して見ています。同じフォントでもこんな加工や組み合わせでかわいくなるんだ！　と発見があったりしてすごく面白いし、特集ごとにおしゃれな世界観を表現している紙面作りに感動します。

こんな風にして、カラーとフォントについても日々の生活の中で注意深く見るようにしましょう。広告・パッケージデザイン・バナー広告からYouTubeのサムネイルまで、ありとあらゆるデザインの中で「どのような雰囲気のときにどんなカラー・フォントが使われることが多いか」と研究します。

その上で、基本的には雰囲気に合ったものにしつつ、こう組み合わせたらどうなるだろう？　と自分なりのアレンジや工夫を少し加えて、新しいものを作るのも楽しいです。

大変な作業ですが、私もこれをコツコツ続けてきたおかげで、Instagramを始める前よりはデザインに詳しくなり自分のショップのロゴ作りやバナー作りなどに活かせているので、やってきてよかったなと思います。デザインの知識は資料を作るときなどちょっとした作業でも活かせる場面が多いので、勉強してみると面白いと思います。

② 写真の撮り方を統一する

Instagramでの写真の撮り方で大事になってくるのは、主に「構図」と「カラー」です。

　毎回同じ構図で撮ることで統一感が出ますし、文字入れ投稿をするなら文字入れを前提で写真を撮るようにします。

私はプロの写真家ではありませんが、基本的な構図を知っておいたり、ちょっとしたコツで前よりもいい感じの写真が撮れるようになったので、そのコツについてもChapter 3で紹介したいと思います。

構図について今から勉強しておくなら、基本的な構図をネットや書籍で調べてみたり、映画やドラマを参考にするのもいいでしょう。映画やドラマでは、人物をどのように撮っているか、引きで撮るときはどんな構図にしているのか、ライティングや雰囲気の演出などどのように工夫されているのか、撮影する視点で観てみるのも面白いです。映像作品が好きな方は、ぜひそのような観点でも観てみてください。

　また、**写真においては、映り込むものの色がバラバラすぎると、統一感が薄れてしまいます。**厳密に決めなくてもいいのですが、ブラウン系をメインにすると決めたらなるべく毎回ブラウン系の机で撮影したり、ピンク系と決めたらピンクのインテリアや雑貨を多く映すなどして、ある程度カラーの統一感を図るようにします。

　逆にバラバラにするという手もあります。ポップでカラフルな世界観にしたい場合、ひとつのカラーに決めずに、いろいろな色を使ってアカウント全体でカラフルになるようにします。

　パステル系で統一したいなら、いろいろな色を使いつつすべて淡い色で揃えたり、必ずしもひとつのカラーに決めないといけないというわけではありません。

　あくまでも自分の作りたい世界観に合わせて、どのような色のものを映すとよさそうか考えてください。

　この段階では、InstagramやPinterestで気になるキーワードで検索したり、おすすめに出てくる投稿を見て素敵な雰囲気だな、いいなと思う画像を保存していくなどして、好きなものを集めて共通点を探してみてください。

「この投稿は○○な雰囲気」と自分なりに言語化したり、画像の説明文などからその投稿を表すキーワードを知ることができたら、今度はその○○やキーワードについてGoogleなどで調べ、記事を読んだり画像検索でより深く雰囲気を掴むようにします。

例えば、「この投稿はパリっぽい雰囲気」だと思ったり「パリのお部屋を参考にしたインテリア」などと書かれていたら、「じゃあパリっぽいってどういうことなんだろう」と考えて「パリ インテリア 雰囲気」などと調べてみます。するとパリの情報や画像がたくさん出てくるので、「パリっぽさ」が何から構成されているのか、よく使われるフォントやカラーは何なのかのヒントを掴み、そこで得た知識をまた投稿作りに活かすという流れになります。

Pinterestの保存例

地道な作業ですが、ジャンルや文化に関する知識も増えますし、自分の好きなものについてとことん調べ尽くす姿勢は発信においては大切だと思うので、ぜひ試してみてください。

10 アイコンとアカウント名の決め方

　アカウントの顔とも言えるのが、アイコンとアカウント名です。これらは決めたらなるべく変えずに、同じもので長く運営していくのがいいでしょう。私も、アイコンは一度変えただけで、それ以降は変えずに同じものを使うようにしています。

　本項目では、アイコンの決め方やアカウント名の考え方について、いくつかの方法をお伝えします。参考にしながら、アイコン用の画像を用意したり、アカウント名の案を考えてみましょう。

アイコンの決め方

アイコンについては、以下のポイントを押さえて決めるのがおすすめです。

❶ 雰囲気や色味を投稿と揃える
❷ ごちゃごちゃし過ぎていない画像を選ぶ
❸ 長く使える画像を選ぶ
❹ 著作権に注意する

①に書いた通り、アイコン画像はこれから投稿する雰囲気に合っているものを選んだり、色味を揃えると統一感が出ます。

これは画像の加工のところでも詳しくお伝えしますが、画像の色味加工には大きく分けて、暖色系と寒色系があります。暖色系はあたたかみのあるオレンジ〜ブラウン系の色味で、寒色系はホワイト〜ブルー系の色味と考えてください。

例えば、ブラウン系のインテリアを発信している人はブラウンの色味をより活かすために、あたたかみを感じる暖色系加工の方が合っていると言えます。

落ち着いた雰囲気の投稿なら、派手な感じではなくシンプルだったり落ち着いた感じの画像や加工を選んだ方が、アカウント全体の統一感が図れます。

②については、アイコン画像はそんなに大きく表示されるわけではないので、あまりごちゃごちゃした感じの画像だと「何の画像だろう？」と判別するのに時間がかかってしまうためです。

風景の画像なのか、人が映っているのか、ぱっと見てよくわからない画像だと覚えてもらいにくいので、少なくとも何が映っているのかはすぐにわかる画像を選ぶのがいいでしょう。

③の長く使える画像を選ぶことも重要です。誰かがストーリーズを更新すると、Instagramの上の方にアイコンが並びます。このとき、名前は表示されない（ユーザー名は表示される）ので、アイコン画像をぱっと見て「○○さんがストーリーズを更新した」と判断することになります。

つまり、アイコンが変わると普段見慣れない画像が出てくることにな

り、「誰のアカウントだろう？」とわからなくなってしまいます。

　最初のうちは何度か変えることがあるかもしれませんが、フォロワーさんがだんだんと増えてきたら、アイコン画像はなるべく変えない方がいいです。

　もし変えたら「アイコン画像を変えました」とストーリーズでお知らせして、フォロワーさんが誰のアカウントかわからなくなってしまわないように気をつけましょう。

　④の著作権も、注意が必要なポイントです。他の人が描いたイラストを無断で使用したり、拾い画などをアイコンに設定しないようにしてください。

　もしイラストをアイコンにしたいなら、「ココナラ」などのサービスで正式に依頼して使うのが一番安心です。基本的に誰かの写真やイラストを無断でアイコンに設定するのは著作権違反になり、後から割高の使用料金を請求されることにもなりかねません。

　①～④を踏まえて、新しく写真を撮ったり、自分なりにイラストを描いたり依頼してみたり、今の時点で最適だと思うアイコン画像を考えてみてください。

アカウント名の決め方

　アカウント名は、端的に言うと「覚えやすく、わかりやすいもの」がいいでしょう。

　以下にポイントをまとめたので、参考にしてください。

❶ 名前やペンネームが覚えやすい
❷ どんなアカウントかわかるようにキーワードを含める
❸ 迷わず読める、発音しやすい名前をつける
❹ 長すぎず覚えやすい名前にする

　特にこだわりがないなら、①のように自分の名前や、名前をもじった
ペンネームなどをアカウント名とするのがいいと思います。

　私の体感では本名をそのまま使っている方は少ないように思いますが、
抵抗がなければ本名でもいいと思います。ニックネームを使ったり本名
の一部だけを切り取ったり、自分だけの名前を考えてみましょう。

　ひとつ注意点として、シンプルな短い名前でもいいのですが、人と被
りそうな名前の場合は検索で埋もれてしまうケースがあります。

　私の例として、昔は「ルカ」のみでブログやSNSなど運営していたの
ですが、最初の書籍を出版するにあたって他と被らない名前にするため
に「亀山ルカ」と名字まで含めるようにしました。

　また、海外の方のアカウントもよく見るので、もし私のアカウントを
見てもらったときに名前だけでもわかるように、「亀山ルカ」の後に
「ruka」と付けています。

　②については、インテリアならインテリア、勉強なら勉強など、アカ
ウント全体のテーマを表すキーワードを含めるということです。アカウ
ントを一目見て「このアカウントはこういうテーマで発信しているんだ

な」とわかるので、より伝わりやすくなります。

　③、④も、わかりやすさに関連しています。例えば、英語の名前でも
いいのですが、造語にすると読み方がわからなくて覚えにくい場合があ
ります。発音しやすい、語呂がいいというのは名前をつけるときに重要
だと思うので、他の人がパッと見て発音できるかな？　という視点でも
ぜひ考えてみてください。

　以上が、私がアイコン画像とアカウント名を決めるときに考えたこ
とです。
　運営するうちに変わっていくかもしれませんが、上記の内容を参考に
今自分の中でベストだと思うアイコン画像とアカウント名を考えてみま
しょう。

11 プロフィール文章で伝えること

Chapter 1 発信の方向性を決める

アイコン画像とアカウント名まで決めたら、あともう少しです。プロフィール文章には、アカウントを見に来てくれた人に伝えたいことをぎゅっと凝縮して書いてみましょう。

これまでに決めてきたテーマ・カテゴリ・コンセプトを書くほか、見てくれた人にしてほしい行動についても書いたり、見やすさも重要視してください。

下記の内容を参考に、プロフィール文章を作ってみましょう。全部含めてもいいし、伝えたい内容があるならその分量を多く書いてもいいと思います。

① テーマ・カテゴリ・コンセプトを書く

本Chapterの前半で決めたテーマ・カテゴリ・コンセプトをプロフィール文章に含めると、どんなアカウントか伝わりやすくなります。例えば、私の場合は「韓国好き」というキーワードを入れたり、「語学」「iPad」「文字」といったカテゴリについても触れています。

プロフィール文章には文字数の制限があり全部のキーワードを入れ込むのは難しいので、より伝えたいと思う言葉を優先的に入れるようにしましょう。

プロフィール文章

② 運営者がどんな人物か書く

アカウント運営者がどんな人なのかをわかりやすく書いておくと、共感を得られたり同じような立場の方にフォローしてもらいやすくなります。私のアカウントでは「語学とデザイン勉強中のフリーランス」という言葉を上の方に書いています。

コンセプトを考えたときと同じように自分を表す言葉をいくつか書き出してみて、その組み合わせで考えます。私なら、「社会人」「フリーランス」「韓国好き」「語学勉強中」「SNS発信」「ショップ運営」などの言葉が思いつくので、これらの言葉を組み合わせて今の書き方に落ち着きました。

③ 好きなものについて書く

　好きなものについて書いておけば、同じものが好きな人と繋がることができたり、仕事に繋がるきっかけになるかもしれません。

　どこでどのようなきっかけが生まれるかわからないので、好きな人や好きなものがあれば書いておくようにしましょう。

④ 次の行動について書く

　私はInstagramの他にYouTubeでも投稿していたり本を書いていたりするので、そのことも書くようにしています。

「他のSNSも見てみてください」「書籍もご覧ください」「プロフィールリンクに購入品を載せています」など、アカウントを見た人に次に見てほしいものやチェックしてほしい内容があればぜひ書いてください。

　リアルな世界でも言わなければ伝わらないことというのはたくさんあるので、ネットならなおさらしっかり言葉にして伝えることが大切です。「プロフィールリンクを見ればわかるだろう」「投稿でも書いてるから言わなくても大丈夫」と思わずに、見てほしい内容についてしっかり言及することをおすすめします。

⑤ 改行を使って見やすくする

　最後に、必要な情報を盛り込むとともに見やすさについても考えるようにしてください。
　文章は内容はもちろん大事ですが、その文章を読む気にさせる見やすさやわかりやすさも重要です。
　文章が改行もなく詰まっているよりは、適度な間隔で改行があったり線で分けられていた方が見やすくなります。

　Instagramのプロフィール文章の入力画面で改行しても改行が反映されない仕様になっているので、改行したいところで1文字分空白を入れる必要があります。
　このようにして、数行のかたまりを作ると読みやすくなります。

　プロフィール文章は多種多様です。さまざまなアカウントを見て、どんなことを書いているのか参考にしてみてください。

　また、プロフィール文章は1回書いて終わりではなく、何度も何度も書き直していくものです。私もアイコン画像やアカウント名は頻繁に変えませんが、プロフィール文章はこ

改行を入れる方法

れまでに数えきれないほど変更しています。

　「このプロフィール文章で本当にいいのかな？」と客観的に見つめ直す時間を作ってください。今より見やすくなるように情報を整理したり、アカウントの方向性が少し変化したら、それに合わせて忘れずにプロフィール文章も変更しましょう。

12 | プロアカウントへ切り替える

　これからInstagramで運営を始めるにあたっての最後の準備が、プロアカウント（旧ビジネスアカウント）への切り替えです。

　Instagramではたびたび仕様や画面の変更が行われ、本項目を常に最新の情報に保つのが難しいため、こちらでは切り替え方法について画像付きで解説することはしません。プロアカウントへの具体的な切り替え方法については「Instagram プロアカウント 切り替え」「Instagram プロアカウント 変更」などと調べていただいて、最新の情報を参考に進めてみてください。

　ここでは、プロアカウントへ切り替えるとできるようになることについて説明していきます。

① 分析機能「インサイト」が使えるようになる

　プロアカウントに切り替える一番大きなメリットは、「インサイト」という分析機能が使えるようになることです。インサイトが使えるようになると、各投稿のいいね数や保存数、アカウント全体の状況までわかるようになります。

私もこちらのインサイトを活用して、投稿作りを考えるときのヒントにしています。フォロワーさんの反応を知るための重要なヒントとなるので、インサイトは積極的に見るようにしましょう。

　詳しい見方や分析方法については「Chapter 5　分析をして改善点を見つけよう」で解説します。

② DMの機能が増える

　プロアカウントにするとDMの機能が増え、フォロワーさんや企業とのコミュニケーションが取りやすくなります。大きく変わることは2点あり、ひとつはメッセージを「メイン」と「一般」に分けられるようになること、もうひとつはメッセージをテンプレート化できる点です。

「メイン」と「一般」と分かれているだけで、特にどちらにどのようなメッセージを振り分けないといけないということはありません。要は、2つのフォルダに分けられるというようなイメージです。私の場合は、メインに仕事関連のメッセージ、一般に仕事以外のメッセージというように分けています。これにより、メッセージを後から探しやすくなります。

　もうひとつのメッセージのテンプレート化については、例えば仕事に関するメッセージにはパターン別にこう返信する、というテンプレートを用意しておくと、それをベースに返信の文章を作ることができるようになります。他にも、同じ質問がたくさん来る場合に回答をあらかじめテンプレート化しておく使い方などがあります。

DMはフォロワーさんや仕事の窓口となる大事な機能なので、これらの機能を使って日々スムーズなコミュニケーションが取れるようにしていきましょう。

③ お問い合わせ機能を追加できる

　お問い合わせ機能とは、アカウントのプロフィール部分にメールアドレスや電話番号を追加できる機能のことです。

プロフィールの連絡先箇所

　DMではメッセージが埋もれてしまったり仕事関連の問い合わせ先は一箇所に絞りたいという場合、メールアドレスを設定するなどして「仕事のご連絡はこちら」とプロフィール文章で示しておくのがいいでしょう。

　他にも細かく見ればいろいろとできることはあるのですが、プロアカウントの大きなメリットとしては以上の機能が主なものとなります。プロアカウントへの切り替え方自体はそんなに難しいものではないので、投稿を始める前にぜひ設定しておいてください。

Chapter 1ではアカウント全体の方向性について考えてきました。Chapter 2では、各投稿の内容を考える作業に入っていきます。アカウントの方向性を考える（Chapter 1）→投稿の中身について考える（Chapter 2）→デザイン・見た目について考える（Chapter 3）と、ここまで準備ができたらChapter 4以降で実際に投稿を始めていきます。

「準備段階が結構長いな……」と感じる方もいるかもしれませんが、後から大幅に変更するよりも先に考えたり準備しておいた方が後々困りません。私自身、進んでは戻り進んでは戻りと繰り返したので、これを読んでいる方には同じような思いをしないで済むように、先にすべてお伝えしてから進んでいただきたいなと思っています。

Chapter 3まではアイデアを出していく段階だと考えて、もう少しお付き合いください。

COLUMN

私が顔出しをしない理由

　これから発信するにあたって、顔出しするかしないかというのは、投稿の方向性や雰囲気が大きく変わる大事なポイントです。顔出しするべきかしないべきか、悩む方もいるのではないでしょうか。

　私は以前は顔出しをして発信していましたが、現在は顔出しはしていません。声を入れることも基本的になく、たまにリールのアフレコやYouTubeでお話しする程度です。
　顔出しをしなくなった理由や、方向性に合わせた判断方法についてお伝えします。

● **顔出しをしない理由**
　私が顔出しをしていないのは、**アカウントのコンセプトを守りたいから、そしてこの方が自分の性質に合っていると感じるから**です。
　一般的に顔出ししない理由として、身バレを防ぐため、恥ずかしいので出さない、といった理由も考えられるかと思います。

　私の場合は、以前顔出ししていたこともあって恥ずかしいという気持ちは特にないのですが、当時の自分の発信方法にしっくり来ていない感覚がありました。
　YouTubeで顔出ししてカメラに向かって話したりしていたこともあります。ただ、何度やってもいつまで経っても慣れず、楽しさよりも疲れの方が勝っていました。

　そんなときにYouTubeを見ていたらVlogに出会い、「顔出ししていないのにこんなに人柄や雰囲気が伝わってくるなんてすごい」「雰

囲気がある動画作りが素敵」と感じ、私もこんな風に発信したら楽しそうだと思うようになったのです。

顔というのは、人と対面したときにまず一番に目が行くところです。そこで、あえて顔出しをしないことで意図的に自分以外のところに焦点を当てることができるというのは、顔出ししないメリットだと思います。

例えば、**伝える情報に集中してほしいとき、自分のキャラクターよりも全体の雰囲気をメインとして発信したいとき、顔出しなしの方が有効**です。

また、自分の性質から考えるのもいい方法です。

誰かと話すのが好き、プライベートな時間でも多くの人と会って話したり飲み会に行ったりアクティブに過ごすのが好きな人は、発信でも積極的に話したり顔出しするのがよさそうです。

反対に、静かにひとりの時間を過ごすのが好き、人と話すのは好きだけどエネルギーも使ってしまうという人は、自分が前に出るよりも一歩引いて、情報や雰囲気をメインとして発信した方がやりやすいかもしれません。私もこのタイプに当てはまります。

こんな感じで、何をメインに伝えたいか、性質や性格に合っているかをもとに顔出しするかしないか考えてみるのがおすすめです。

● **信用や親近感のためには顔出しは必須？**

「信用を得るためには顔出しは必須」といった意見もあります。たしかに、顔出ししていた方が印象に残りやすそうです。

しかし、信用や信頼感といったことに関しては、顔出しは必ずし

も必須ではないと私は考えています。顔出しなし・匿名でも有名な発信者の方はたくさんいますし、**親近感に関しても、顔出し以外のところでしっかりコミュニケーションを取っていればこれも必須ではありません。**

　実際、私も顔出ししている・していないにかかわらず、親近感を持っている発信者の方が何人もいらっしゃいます。

　顔出しなしでも信用や親近感を持ってもらえるひとつのポイントがあるとすれば、手元などだけではなく、ときどき全身を映すといいかもしれません。

　スマホで顔を隠すように自撮りしてみたり、後ろ姿の写真をときどきアップしてみたり、顔は見えなくとも「こんな雰囲気の方なんだ」と知ってもらえるきっかけになり、顔出しなしでも印象に残りやすくなるでしょう。

　私もときどき、デスクに座っている姿を映したり、スマホで顔を隠した自撮りをアップしたりもします。横顔まで映したり、顔がはっきり見えない範囲で載せることもあります。

　こんな感じで、顔出しはしてもしなくても、アカウントのコンセプト・方向性とその人の性質に合っている方法ならどちらでもいいと思います。楽しいと思う方、やりやすいと思う方を選んでください。

> **お悩み Q&A**

特技もないし、発信できるような内容が見つからない場合はどうしたらいい?

Instagram や SNS 発信全般において私がよく耳にしてきたお悩みについて、コラム形式で答えていきたいと思います。

まずは、Chapter 1 の内容に関連して「発信できる内容が思いつかない」というお悩みをピックアップしてみました。本当に多い悩みなのですが、同じようにテーマもコンセプトも何も思いつかないという方がいたらぜひ参考にしてみてくださいね。

こちらのお悩みについて私が提案したいことは2つあります。この2つのどちらかのパターンで、多くの方の悩みが解決すると思っています。

1つ目の解決方法として、とにかくハードルを下げて考えてください。好きなこと＝めちゃくちゃハマっている好きなことでないといけないと考えてしまう方がいますが、まったくそんなことはありません。発信しているうちに好きになっていくこともあります。特技と言えるほどのものでなくてももちろん大丈夫です。

私の場合はiPadがそうでした。最初はそんなに使い方も機種も詳しくなかったけど投稿してみた→フォロワーさんから聞かれるようになったから勉強して知識を増やした→こんな使い方もあるんだと知ってもっと

活用してみようと思うようになった、という流れでiPadがどんどん好きになっていきました。

「好き」や「詳しい」のハードルを下げることは、同時に幅広くいろいろなものに興味を持つことにも繋がります。「ちょっとだけ好き」で十分なので、あれも好きだしこれも興味がある……というように、あまり難しく考えず書き出してください。

　2つ目の解決方法は、探すことから始める方法です。1つ目の方法で何も思いつかない、どんなにハードルを下げても出てこない場合には、それを見つけるところから始めましょう。

　私は、発信するために発信する状態になってしまってはいい発信ができないと考えます。発信はあくまでも手段であって、伝えたいことがあるから伝える、好きなものがあるからシェアする方が自然な流れです。

　伝えたいことや好きなことがないのにお金が稼げるから発信するという状態になってしまうと、見ている方としてはどうしても不自然な感じを受けますし、心の底から楽しんで見てもらうのは難しいでしょう。

　それでも、今これといって興味が湧くものがなくても発信って面白そう、やってみたいと思う気持ちがあれば、それをきっかけに自分の好きなことや興味があることと向き合ったり改めて探してみるというのは素敵なことだと思います。

　特に思いつかない人は、少しでも興味が持てそうなことを書き出し、それらをひとつずつ実際に行動に移して、自分がどう思うか確認してみてください。実際に楽しめたかどうか、しっくり来たかどうか、行動に移

すことで初めて気づくこともよくあります。

　例えば、旅行に興味があるなら旅行してみる、イラストに興味があるなら絵を描いてみる、ファッションが好きならファッションについて研究してみるなど、一旦Instagramから離れて何かに没頭してみましょう。その過程できっと何か学ぶことがあると思うので、できる範囲でメモしておくと役立つと思います。

　私も語学の勉強をするときに「このやり方だと単語が覚えやすいかも」と思ったらその自分なりのやり方を書いておいたり、Instagramを始め

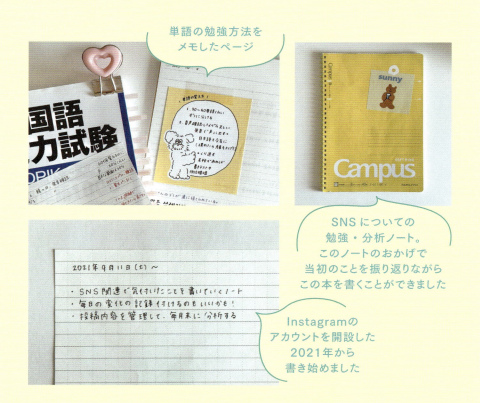

単語の勉強方法をメモしたページ

SNSについての勉強・分析ノート。このノートのおかげで当初のことを振り返りながらこの本を書くことができました

Instagramのアカウントを開設した2021年から書き始めました

るときもノートにどのようにアカウントを作っていったかをメモしていました。そのときのノートのおかげで、こうして当時のことを思い出しながら本を書けています。

　好きなことやハマれることを探しつつ、その過程で気づいたことや学んだことをメモしておいて、発信する段階になったらそのメモをもとに投稿作りをするのがいいでしょう。

　発信を楽しめるかどうか、ずっと続けられるほど発信が好きになれるかどうかは人それぞれだと思いますが、発信する内容自体は誰しも見つけることができます。無いなら見つかるまで探せばいいのです。それがきっかけで、SNSに限定せずに人生全体として、これから先長く夢中になれるものに出会えるかもしれません。

01 | 投稿で伝えたいこと

　ここからは、個々の投稿内容を作るときの考え方や投稿作成の流れについて解説します。

　私は、**どんなアカウントだとしても、投稿の裏側にある発信者の考えやなぜそれを伝えるのかという部分が非常に重要**だと考えています。Instagramでおしゃれな写真を見て楽しむだけではなく、情報を得ることも一般的になってきました。その中で、ただ情報を伝えていくだけでは足りなくなっていると感じます。

　世の中いろいろなSNSがあり膨大なコンテンツが溢れている中で、どうしたら自分の投稿を見ることに時間を使ってもらえるのか、そういったところまで考えないと投稿を見続けてもらうことは難しいです。

　それくらい真剣に考えて、ひとつひとつの投稿を丁寧に作っていきましょう。最初は時間がかかって大変かもしれませんが、繰り返すことで投稿作成のサイクルに慣れ、より短い時間で作れるようになっていきます。

　本項目では、投稿作りのベースとなる大事な考え方をお伝えします。Instagramに限らず他のSNSの投稿作りでも当てはまる考え方なので、参考にしてみてください。

情報を伝えるだけでは足りない

　情報が世の中に溢れ返っている中、どのような投稿がこれから求められていくのでしょうか。

　私が考えるひとつの正解は、「想い」や「理由」、そして「ストーリー」がある投稿です。
　実際に私の周りで順調にアカウントが伸び続けていたり、いつも投稿の反応がいいと感じる発信者の方には、必ずこの3つがあります。こうした投稿をコツコツ続けている方は、フォロワーさんと親密で良好な関係が築けている傾向にあります。
　そして何より、発信者の方自身が楽しそうな雰囲気で、見ているこちらも楽しくなる感じがします。

　想いや理由がある投稿というのは、要するに「この投稿を見たフォロワーさんがこうなってくれたら嬉しい」という明確な目標がある投稿です。

　例えば同じインテリア関連の投稿でも、ただ家具や雑貨を紹介するのと、何かしらの想いがあって家具や雑貨を紹介するのでは投稿の雰囲気が変わってきます。

　「前は片付けが苦手で部屋の中もぐちゃぐちゃだったけど、片付けをしたり好きなインテリアで揃えたら毎日家にいるのが楽しくなったりいろいろなことを頑張れるようになったので、フォロワーさんにも参考にしてもらえたら嬉しい」というような内容が、想いや理由に当たります。
　他のパターンだと、「とにかくインテリアが好き！　まだ広く知られて

103

いない素敵なインテリアや家具・雑貨を多くの人に知ってもらって楽しんでほしい」といったような、自分の好きな気持ちをとことん大事にして誰かと「好き」を共有したい想いなどもあるでしょう。

　どのような想いや理由でもいいので、なぜ投稿を作るのか、投稿を見た人やフォロワーさんにどうなってほしいからこのような投稿をするのか、自分の姿勢を明らかにします。
　その想いや理由について、投稿画像やキャプションなどで頻繁に触れるようにすれば、「この人はこういう想いがあって投稿を続けているんだな」と伝わり、共感した方が応援してくれるようになります。

　そして、想いや理由を含めて、自分なりのストーリーを語れるようにしましょう。
　過去の体験談や大きなきっかけとなったエピソードを掘り起こしたり、そのときなぜそのように考えて行動したのか改めて書き出します。
　断片的な情報を伝えるだけではなく、個人のバックグラウンドやこれまでのことを詳しく語ることで、共感や説得力に繋がります。

　私の場合は、「生きづらさや働きづらさを感じる人の助けになりたい」という気持ちの裏に、私自身が苦労したり辛かった体験があります。

　ストーリーは唯一無二のもので、ひとりひとり異なります。過去・現在・未来まで、自分の考えや行動、それに伴うエピソードを書き起こし、伝えていくようにしましょう。

　私の1冊目の著書でブログ記事の作り方について解説しているのですが、記事においても「情報」と「感情」の記事を書くことを勧めています。

104

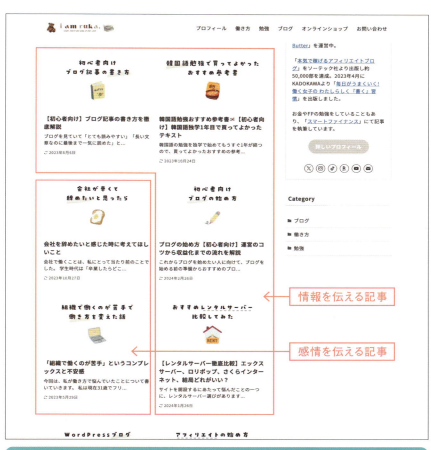

ブログ記事の分類例

　あなたが誰かの投稿や記事を見ていて「あ、この人素敵だな」と深く印象に残るとき、それはきっと想いや感情に関する内容ではないでしょうか。共感できたりその人の考え方が素敵だなと思ったとき、心に残ってまた投稿を見たいと思うようになります。

　多くのコンテンツがある中、人の心に残る投稿をしていきたいと思っ

たら、**有益な情報だけではなく想いや理由、ストーリーの部分についてもぜひ伝えるようにしてください。**伝える情報自体は似通っていたとしても、気持ちの部分は個人個人で違ってくるので、それが他のアカウントとの差別化にも繋がります。

　別の例として、情報メインの発信で伸び続ける人もいます。ただし、この場合もただなんとなく情報を発信しているのではなく、情報＋何かそのアカウントにしかないものがあるはずです。
　例えば、ガジェットについて常に最新情報を届け続けてくれるアカウントがあるとします。このアカウントの場合、情報をまとめるだけではなく最新情報を届けてくれるので、何か情報を得たいときはまずこのアカウントを見に行くことが多くの人の習慣になることが想像できます。

「常に」「最新の情報を」届け続けるのは非常に大変なことで、日々リサーチをしたり勉強したり、大好きなことだとしてもなかなか続けられるものではありません。それをやり遂げ、「このアカウントを見れば常に最先端の学びが得られて勉強になる」と思ってもらえるなら、人の心に残ったり信頼性の高いアカウントとして伸びていくでしょう。

　また、一見情報重視のように見えても、裏側を見てみればきっと発信者さんの「ガジェットが大好き！　最新情報を届けて多くの人に楽しんでもらったり参考にしてもらいたい」という想いや理由があるからこそ続けられるのだと思います。

　つまり、情報を届けるにしてもただなんとなく情報をまとめて届けるのでは足りず、発信者の熱量や情報＋α（αの例：最新性、継続性、信憑性、専門性など）が求められるということです。
　発信する側の気持ちや理由があることで、投稿に厚みが出てきます。

投稿内容の差別化について考える

　同じジャンルのアカウントが多くある中でどのような違いを出していくか、そのヒントをお伝えします。

　私はときどき、「私のアカウントがなくなってしまったら、探してくれる人はいるのかな」と想像するようにしています。アカウントがなくなるなんて考えただけで怖いので想像したくありませんが、もし仮にそうなったときにわざわざ探して、「あの人の投稿が見たいのに見つからない」と残念がってくれる人はいるのかなと考えて、私の投稿を見る理由についてじっくり考えます。

　あなたが今すでにアカウントを運営しているなら、ぜひ想像してみてください。同じようなジャンルの他の投稿ではなく、あなたの投稿を見たいと思ってもらえる理由は何かあるでしょうか。

　理由はいくつあってもいいです。投稿内容がわかりやすい、具体的で真似しやすい、最新情報が届けられる、体験にもとづいたリアルな情報が得られるなど、あなたなりの投稿の強みを考えてみましょう。

　強みは人それぞれでいいのですが、私が投稿の差別化において大事だと思うことをひとつ挙げるとすると、それは「説得力」です。
　説得力がある投稿というのは、自分の経験にもとづいた内容の投稿です。「私は〜だと思う」と言葉でいくら伝えても、その土台となる経験や知識があるのとないのとでは、だいぶ印象が変わってきます。

　差別化＝他の投稿にはないあなた独自の投稿作りのためには、その

ジャンルにおける経験や知識が重要です。

例えば、コスメについて発信するなら、今まで使ってきたコスメやそれらの比較、実際に試してどうだったかを説明してくれたり、「実はこんな使い方もある」といった新たな使い方を学べたら、投稿を見た人がもっと参考にしたいと思ってくれそうですよね。

さらに、コスメやスキンケアに関する資格を取れば信頼性が上がったり、勉強して知識が身につくことでコスメ紹介ももっと解像度が上がり説得力が出てくるでしょう。

独自の投稿作りをしたいなら、経験や知識に基づく説得力という観点からぜひ考えてみてください。

構成力を磨いて一貫した投稿を作る

最後にお伝えしておきたい大事なことは、構成力です。いろいろな投稿を見てきて、構成力がある人の投稿はとても見やすく、内容が頭にすんなり入ってくると感じます。

これは主に文字入れ投稿やミニブログ系の投稿に関することですが、このような投稿を考えている人には構成力を鍛えていくことをおすすめします。

構成力とは、内容が筋道立てて整理されているか、情報が伝わりやすい順番で並んでいるかどうかなどを指します。

意外とよくあるのが、タイトルと内容が乖離しているケースです。 表紙となる1枚目に書いてある投稿タイトルを見て2枚目、3枚目と進んで

いくと、構成がバラバラだと感じることがあります。

　ブログなどの記事で想像してみるとわかりやすいかもしれません。例えば「私がフリーランスになった理由」というタイトルにもかかわらず、内容を見てみたらおすすめの副業についてひたすら紹介されていたら、期待していた内容と違ったとなりますよね。
　「私がフリーランスになった理由」の内容として予想されるのは、「フリーランスになるまでの経緯」や「フリーランスとしての今の仕事内容の説明」だと思います。

　客観的に改めて見てみれば「そんなこと？」と思うくらいシンプルな話なのですが、実際に投稿を作るとなると意外とありがちなのです。自分のこととなると見えにくくなるのはよくあることです。

　10枚の画像を投稿するなら、1枚目は表紙として、その後の9枚の構成を丁寧に考えます。おすすめ商品を紹介する投稿ならすべての内容が並列となるので作りやすいかもしれませんが、自分の経験を伝えたり何かを説明したいとき、一貫した構成になっているか意識して確認するようにしてください。
　不安なら、家族や友達などの近しい人に「論理的に説明できてる？」「わかりにくいと感じるところはない？」と聞いてみるといいでしょう。本を読んで構成力について学ぶのもおすすめです。

- 『「超」文章法』(野口悠紀雄 著)
- 『シナリオ・センター式 物語のつくり方』(新井一樹 著)

構成力に関するおすすめの本

　はじめからいろいろと考えるのは大変だと思うので、まずは「ひとつの投稿につき、ひとつのテーマ」を守るようにしてください。ひとつの投稿にあれもこれもと詰め込むとわかりにくくなるので、伝えたいことはひとつにして投稿を作るようにしましょう。そうすれば、全体の構成として大幅にブレることはなくなるはずです。

「投稿作りってこんなにいろんなことを考えないといけないの？」と難しく感じた方もいるかもしれませんが、最初からすべてを実践する必要はありません。想いや理由を考えるという部分や、構成力の「ひとつの投稿にひとつのテーマ」でもいいので、心に残ったことをひとつだけ覚えて投稿作りに臨みましょう。
　作りながら余裕が出てきたらまたこのページに戻ってきて、さらにひとつずつ実践していってください。

02 投稿アイデアの探し方

投稿内容を考えるにあたって、どのようにアイデア・ネタ探しをすればいいのか解説していきます。

「投稿ネタを探すのが大変」「アイデアが尽きてしまった」というのは発信しているとよくある悩みで、何度も質問を受けたことがあります。これから発信を続けるなら、投稿アイデアを探すことは習慣にしていきましょう。

私も発信を始めてすぐの頃は「次の投稿、何にしよう」と悩むこともありましたが、今ではメモアプリへのストックが大量にあって、投稿を作っても作っても追いつかないくらいのアイデアが出てくるようになりました。

ここでは、アイデアが溢れるように出てくるおすすめの考え方を紹介します。

投稿アイデアの管理方法

投稿アイデアの考え方の前に、アイデアの管理方法について説明します。

投稿アイデアをストックしていく方法として私が実践しているのが、スマホのメモアプリに書いていくことです。以前はノートに書き出していたこともあったのですが、すぐに確認できなくて困ったり、ふと思いついたことをメモしたいときにスマホの方がいいと思ったのでメモアプリを活用するようになりました。

　今すぐに思いつくものがあれば、早速メモアプリを開いて簡単に書き留めておきましょう。例えば旅行系のアカウントなら、下記のような投稿ネタは思いつきやすいのではないかと思います。

- 今まで行ってよかった旅行先
- 泊まってよかったホテル紹介
- 旅行に行く時の持ち物
- 愛用しているスーツケース

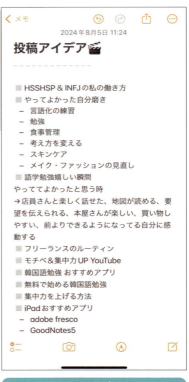

実際のメモアプリの画面

　実際の投稿に使うタイトルでなくていいので、思いつくままにメモしていきます。自分で内容がわかればどのような書き方でもいいです。旅行に行く時の持ち物も、「旅行 持ち物」のようにメモしても大丈夫です。

　このようにして、投稿にするかしないかは別として、思いついたら些細なことでも書き留める癖をつけることが大切です。

ある程度書き溜めたら、仕事の休憩時間や隙間時間、電車に乗っているときなど、ときどきメモアプリを開いて投稿アイデアを精査していきましょう。「この投稿アイデアは自分のアカウントのコンセプトに合っているかな？」「あのときはいいと思ったけどちょっと違うかもしれないな」など、後から落ち着いて見てみるとまた違った感想が出てくると思います。

　私は特に優先して投稿したいアイデアはメモアプリの上の方にピックアップしておいたり、★マークをつけるなどしてわかりやすくしています。

★マークをつけた投稿アイデアのメモ

投稿アイデアの考え方

❶ **定番の投稿アイデアを参考にする**

　SNSを見ていると、ジャンルによって投稿アイデアの定番テーマのようなものがあることに気がつくと思います。例えば「○○購入品紹介」「バッグの中身紹介」「ルームツアー」「ルーティン紹介」などが当てはまります。InstagramやYouTubeでこのような種類の投稿を見たことがある人も多いでしょう。

　ルーティンは人によりさまざまですし、モーニングルーティン・ナイトルーティンのほか1週間ルーティン、自炊ルーティンのようないろいろなパターンに応用できます。

多くの人が扱う定番の投稿アイデアが見つかったら、それもアイデアのひとつとしてメモアプリにストックしておきましょう。

❷ 独自の投稿アイデアを考える

自分ならではの投稿アイデアの考え方も紹介します。

独自のアイデアを考える場合は、「掘り下げる」または「組み合わせる」やり方の2つのパターンがあります。

まずは掘り下げる場合について解説します。

先ほど「旅行に行くときの持ち物」を投稿アイデアのひとつとして紹介しましたが、これでは少し大雑把すぎるような気がしませんか？ もちろん一般的な持ち物の紹介としては役に立つかもしれませんが、旅行といっても日数や旅行先などいろいろありますよね。

1泊2日の国内旅行なのか、1週間の海外旅行なのか。さらに旅行先は暑いのか寒いのかなど、地域や国によって必要な持ち物は変わってきます。

Chapter 1でアカウント作りで見てほしい人を考えることについて説明しましたが、そのときと同じように、今度は**投稿単位で見てほしい人を想像する**ことが大切です。これができるようになれば、一人一人に深く届く投稿アイデアを思いつけるようになります。

「泊まってよかったホテル」なら、「女子1人旅におすすめの泊まってよかったホテル」や「気軽に泊まれるコスパのいいホテル」など、派生していくつも作ることができそうです。ひとつの投稿アイデアを思いついたら、それをもっと掘り下げられないか考えてみましょう。

次に、組み合わせる場合について解説します。

掘り下げるよりも少しコツが要りますが、慣れれば楽しいです。**組み合わせるコツは、一見違う分野にある内容を試しに繋げてみる**ことです。

例えば、私の以前の「ペンケースおすすめコーディネート」というタイトルの投稿では、ペンケースの中身についてファッションのように色味を揃えたり、雰囲気を合わせた文房具を選ぶことを提案しました。

私は趣味でいくつかのペンケースといろいろなカラーの文房具を持っているので、まるで好きな服に着替えるような感覚でペンケースの中身も気分や季節に合わせて変えたら楽しそうだなと思い、このような投稿を作ってみました。

ペンケースの投稿

このケースでは、ペンケース（勉強）にファッション（コーディネート）の要素を掛け合わせたことになります。

一見違う分野の内容を繋げてみると独自の投稿が出来上がります。ぜひいろいろなパターンを試してみてください。

❸ **雑誌の特集などからヒントを得る**

SNSで発信するときには、雑誌を見ることをよく勧めています。雑誌

にはそのときの流行りが載っていたり、キャッチーな言葉を知ることができたり、デザインの勉強にもなるからです。

　テレビでもいいと思いますが、雑誌はその月や季節ごとの流行がぎゅっと詰まっていたり年代や性別ごとに複数の雑誌が出版されているので、より短い時間で各ジャンルに絞った濃い情報を得られる点でテレビよりおすすめです。

　例えば、ガジェットについての投稿アイデアを考えたいなら、ガジェット関連の雑誌を手に取ってみます。すると「iPad特集」のように何かしらの特集記事が載っているはずなので、チェックしてみます。

　その中で、iPadを使った勉強法の提案があったり機種による違いは何なのか解説されていたり、さまざまな視点からiPadについて紹介されていると思うので、その視点を参考にします。

　iPadを勉強で活用したい人もいれば、ビジネスで活用したい人もいるでしょう。自分だけの視点で見ているとなかなかわからないかもしれませんが、雑誌を見ていると視野が広がり、このような視点があったんだと気づくきっかけになります。

　雑誌から学べることはたくさんあります。雑誌を何冊も買うのが大変なら、月額料金で読み放題のサービスを利用するのがおすすめです。私も楽天マガジンに登録して毎月ジャンル問わず雑誌を見たり、本屋さんに頻繁に立ち寄り雑誌コーナーをチェックしています。

④ 日常生活でのふとした疑問や悩んだことがヒントになる

　普段の生活の中で疑問や悩みを抱いたときも、投稿アイデアに繋がるので意識してみましょう。

学生時代の試験勉強や社会人になってからの資格勉強などで、試験に間に合わない！　という経験をしたことはありませんか？　私はなかなか計画通りにこなせなくて悩んだことが何回もあります。

こんなとき、「資格試験の勉強がうまくいかない……なんで自分は時間管理が下手なんだろう」と落ち込みそうになったら、一旦考えを止めて発想を変えてみます。

「時間管理が下手だ」で終わるのではなく「じゃあどうしたら時間管理が上手になるのかな？」と考え方を変え、調べたり試したりして時間管理のいい方法を見つけるのです。

そうすれば自分の試験勉強もうまくいくようになるし、投稿にすることで時間管理に困っている人の助けにもなります。

日常生活の中に投稿アイデアのヒントはたくさん転がっています。

特に疑問や悩みは他の人の参考になりやすく、「そうそう、これが知りたかった！」と思ってもらえるかもしれません。困ったときや悩んだときこそ、投稿アイデア探しに頭を切り替えて前向きに考えてみましょう。

❺ コメントやDMからリクエストをもらう

フォロワーさんが増えてきたら、「こんな投稿を見てみたいです」とリクエストをいただく機会があるかと思います。発信者が自らストーリーズのアンケート機能を使ってリクエストを募集するやり方もあります。

数が増えてくると全部に対応することは難しいですが、いただいたアイデアを参考に実際に投稿を作ってみてください。

1人が気になることは、他の人も気になっている内容である可能性が高いです。

また、リクエストに迅速に応えることでフォロワーさんも喜んでくれますし、いいコミュニケーションにも繋がります。リクエストは他の人からアイデアのヒントをいただける貴重な機会です。ひとつひとつの意見を大切にして、メモアプリに追加していきましょう。

　私もすべてに対応できてはいませんが、InstagramやYouTubeでいただいたリクエストはこまめにメモするようにしています。

　ここまで読んでみて、いずれかの方法で投稿アイデアを考えられそうだと思っていただけたら嬉しいです。この先投稿を続けていってアイデアが尽きてしまいそうになったら、こちらのページを見返してみてください。

アンケート機能を
使った募集の例

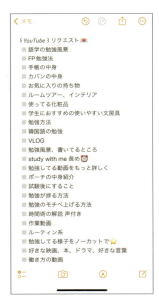

以前募集したYouTubeの投稿
内容のリクエストのメモ

03 | 投稿のタイトルを決める

Instagramで実際に投稿を作るときの流れを具体的に紹介します。まずはこのやり方に沿ってやってみて、慣れてきてもっと自分のやりやすい方法が見つかれば自由にアレンジしてください。

投稿作りでは、以下の3つの項目を考えてから写真を撮ったり加工するなどの作業を進めるとスムーズです。

❶ タイトルを決める
❷ 構成を決める
❸ 目的を考える

本項目では、タイトルの考え方のポイントについて解説します。

まず、投稿アイデアが書いてあるメモを眺めながら投稿したいものをひとつ選び、タイトルを決定します。タイトル決めには、コンセプトを考えるときと同様に言葉選びが重要です。類語を調べたり、伝わりやすくするためにより最適だと思う言葉を探しましょう。

文字を入れず写真のみの投稿の場合は、自分の中でタイトルを決めて

おくだけでOKです。画像の中に文章を入れないので、その代わりにキャプションに詳細な説明を書いておくとわかりやすいでしょう。

　例えば「バッグの中身紹介」なら、普段のお出かけのときのバッグの中身なのか、仕事の日のバッグの中身なのか、具体的にタイトルと説明を書いておけば見る人の参考になります。

　文字ありの場合は、雑誌の特集記事のタイトルを決めるような気持ちで決めてみます。

　投稿内容をわかりやすく伝えられる言葉を選んだり、最近よく使われるようになった言葉やキャッチーな言葉を取り入れても面白いでしょう。

　私は手書きで文字入れをしている関係で、文字の書きやすさや文字数の観点から言葉選びをすることもよくあります。「手書きで『働き方』という文字を書くのが少し苦手なので、『仕事』という言葉を使ってタイトルを考えよう」というように、使いたい言葉を調整したり類語探しをしたりします。そしてできるだけシンプルに、内容を簡潔に表すタイトルを付けるのが好きです。

　デザインの観点からも考えて、横2行にするのかそれとも縦書きにするのか、文字数が多すぎると収まらなさそうなど、文字の見た目についても同時に考えられるようになるといいです。

　投稿作りを何度も繰り返していると、画像に収まる文字数がだいたい何文字なのか、文字の最適な大きさはどのくらいなのかだんだんとわかってきます。最初はできなくても、気づいたことがあったらメモしておいて次の投稿作りに活かせるようにしましょう。

　タイトルの言葉選びの際、ひとつ注意していただきたいことがあります。それは、**テクニック重視の言葉に頼りすぎないこと**です。

言葉には、人がどうしても気になってしまうものがあります。例えば、人は「後悔したくない」「損したくない」と思うので、「後悔しない○○」のようなタイトルの投稿は多くの人の目に留まる可能性があります。他にも、「やばい」「最強」といった文言も強調された目立つ言葉で、「なんだろう？」と気になってクリックする人は多いはずです。

　心理学は発信するなら学んでおいた方がいいでしょう。心理学の知識を応用して言葉を考えるのはいい方法です。

　ただ、こうした人の心を惹きつける言葉や強い言葉を使いたいときは、以下の3つに注意してください。

---

❶ 他の人と似通ってしまう場合がある
❷ 言葉と内容に乖離がないか確認する
❸ 発信者の本音が伝わらない懸念がある

---

　①について、テクニック重視の言葉は、多くの人が似たようなものを使う傾向があるように思います。私も見ていて本当によく使われているなと思う言葉があったりします。

　言葉が被ることは悪いことではないのですが、あまりにも多くの人と同じだったり被る場合、個性が出にくいと感じます。少しだけ変えてみるとか、自分なりの工夫を加えるのもいいでしょう。

　②が一番よくある例で、強い言葉と内容が乖離しているケースが多いです。どういうことかというと、例えば「最強の○○」と表現しているにもかかわらず、内容を読むとどこが最強なのかがわからないといった

場合です。

　おそらくこうした投稿は、テクニック重視の言葉を使うことに引っ張られてしまって、内容が追いついていない状態です。たしかにクリック数は増えるかもしれませんが、内容を見て期待していたものと違うと思った人はすぐに他の投稿を見に行ってしまうでしょう。

　本当に自分がそう思ったときのみ、強い言葉を使うようにしてください。これはすごい！　と本気で感動したり心からいいと思ったときに使うと、見ている人にもきっとその熱量が伝わると思います。

　③は②と少し近い内容ですが、テクニック重視の言葉を使いすぎるあまりに発信者の本音がわからなくなってしまうことが懸念されます。

　タイトルの言葉と内容の乖離が続いたり、言葉から期待されるものと違う内容が続くと、「本当にそう思っているのかな？」と発信者の本音がわからなくなります。

　この場合もテクニック重視の言葉を使った方がいいと考えて、言葉に引っ張られすぎている可能性が高いので、一旦その言葉は置いておいて投稿内容を見直し、より適切な言葉を探しましょう。

　私も、「かわいすぎる」という強調する文言を使うことがありますが、毎回「かわいすぎる」と言っていると不自然だと思うので、心の底から「本当にめちゃくちゃかわいい！」と思ったときだけ使うように気をつけています。

　このように、テクニック重視や強い言葉を使いすぎたり投稿内容にそ

ぐわない状態になると、ふわふわした感じがしたりなんとなく地に足がついていないイメージの投稿になってしまいます。

　投稿内容を適切に表す言葉選びができているか、毎回チェックするようにしましょう。適切だと思ったときだけ、ここぞというときだけ強い言葉を使うのが個人的にはおすすめです。

　私も「広告キャッチコピー」や「人の心を惹きつけるキーワード集」といった本は読んだことがありますし、知識としてストックしておくのは大切です。
　心理学を学んだりこうした言葉がまとまった本を読みつつも、投稿内容とのバランスを取り、やみくもに使わないようにしましょう。

　たくさんの投稿を作るうち、自分らしいタイトル作りができるようになっていきます。
　他の投稿にも使えそうだと思ういい言葉が見つかればメモしておいたり、自分なりのタイトル考案マニュアルみたいなものを作るのもいいと思います。

04 投稿の構成を決める

　次に、投稿全体の構成を考えていきましょう。

　プロローグの02「Instagramの使い方は変化している」で紹介したように、現在はInstagramで何かしらの情報を得て参考にするために見ている人が多いです。

　私も、文字入れ加工なしでデスク周りやインテリアについて紹介することもありますが、基本的には文字入れしてミニブログ形式で投稿を作ることが多いので、今回はそのような投稿の構成の作り方を解説したいと思います。

　タイトルを先に決めた方が全体の構成がブレることを防げるため、仮のタイトルでもいいので一旦決めてから構成作りに入りましょう。

　Instagramでは、現在フィード投稿で10枚の画像を載せることができます。投稿内容にもよりますが、基本的には10枚いっぱい投稿できると情報量が多くなり、見た人の満足度も高くなると考えています。

　ただ、10枚の画像を作るのは結構大変です。最後の画像をアカウント紹介ページにする場合は表紙含め9枚になりますが、それでもかなり大変です。私は文字入れ投稿を作る場合は、1つの投稿作りに2〜4時間、

情報量が多いときはもっとかかることもあります。

　最初から10枚作らなきゃと身構える必要はありません。何度も言っているように慣れるまではハードルはとにかく低く、1枚でも2枚でもいいと考え無理のないように取り組んでください。

　構成作りには絶対的な正解はありませんが、基本的には「導入→本題→まとめ」の順番で作るといいでしょう。情報量や内容により、導入やまとめがないパターンもあります。

　前提条件や背景を説明した方が本題にすっと入りやすいときや情報の説得力を高めたいときには、導入を入れるとわかりやすいです。

　まとめについては、たくさんの情報を紹介したときに一覧として記載したり、自分が伝えたかったことは何なのか、フォロワーさんに次に起こしてほしい行動は何なのかなどを締めくくりとして入れます。

　まとめ部分がないと投稿がぷつっと終わってしまう感じがするので、まとめ用に1枚画像を使わないとしても、締めくくりの一言があると親切で後味のいい投稿となります。

　構成を作るときには、小さなメモ用紙を使うのが個人的におすすめで

導入部分の画像例

す。私もいまだにそうしているのですが、投稿作りの前にメモ用紙を用意して、そこにまず投稿のタイトルを書きます。決まっていないときには候補をいくつか書いておき、その下に作る予定の画像の枚数に合わせて番号を書きます。

　そして、それぞれの画像にどんな内容を入れていくか書いていきます。だいたいの内容が決まったら、どんな画像を使いたいかもメモしておけば、この後の写真撮影もスムーズになるでしょう。

　構成を書いて客観的に見てみると、内容が収まりきらなかったり逆に足りなかったり、一貫性がないと感じたり、いろいろな問題が見つかります。私が紙に構成を書くことをおすすめしている理由はここにあって、何か問題が見つかったときに自由に書き込んで調整することができます。

　取り消し線を引っ張って横に新たな案を書いたり、矢印を伸ばしてどんな内容を書くか詳しくメモしておいたり、アナログだと好きなように書き込めるのがメリットです。

締めくくりの画像例

構成を考えるときのメモ

もちろん好みでメモアプリなどデジタルで構成をメモしてもいいのですが、もしこだわりがなければぜひ上記の方法を試してみてください。

全体の構成を考えないまま投稿作りを始めてしまうと、脱線する可能性が高くなります。画像を作るうちに「あれ？　伝えたいことって何だったっけ」と当初の予定と違った感じの投稿になることを防ぐため、写真撮影や投稿作りの前にぜひ一度立ち止まって構成を考えるようにしてください。

ちなみに、フィード投稿を例に説明しましたが、リール（ショート動画）の場合も同じです。どんな構成にしてそれぞれどのようなシーンを撮影するか決めておけば、スムーズに投稿作りが進められます。

私はリールの場合、1シーンは長くても3秒、普通は1〜2秒としているので、ひとつの動画は5秒もあれば十分だということが投稿作りを続けるうちにわかってきました。最初と最後は手元がぶれる傾向があるのでその部分はカットすることを前提に、きっちり3秒ではなく5秒くらい余裕を持って撮影するようにしています。

そうすると、事前にシーンを考えておけば、撮影はかなりサクサク進むことが想像できると思います。1シーン目で5秒、2シーン目で5秒、と自分が書いたメモを見ながら「次はこのシーンを撮って……」と進めています。

構成を考えることは一見面倒で時間がかかるように思えますが、投稿作りがスムーズになり、内容が脱線して作り直すこともなくなるので（以前は構成を十分に考えずに投稿を作り、最初から作り直すこともありました……）、考える時間を作ることをおすすめします。

構成と同時に、投稿の目的もメモしておくとより届きやすい投稿になります。

- この投稿を見ることで、どんな人がどんな状態になったらいいのか
- この投稿は誰のどんな部分に役に立つのか

ひとつひとつの投稿の目的をはっきり言えるようにしておくことが大切です。

「早起きのコツ」に関する投稿を作るなら「早起きしたいのになかなかできない人の助けになるような投稿を作って、毎日を過ごしやすくなる人が増えてほしい」とか、「かわいい文房具」に関する投稿なら「かわいい文房具を紹介して文房具選びの参考にしてほしい」といった目的が考えられます。

役に立つ・参考になるという側面でなくても、目的は考えられます。日常の様子をユニークな視点で届ける人は、誰かにちょっとした笑いや共感を届けられたり、イラストや漫画などを投稿している人は楽しさや癒しを伝えられるかもしれません。

大それたものでなくてもいいし、シンプルでもいいです。「この投稿って何のためにあるのかな？」と考えてください。

構成力は、例えばYouTube用の長尺の動画制作でも、ブログ記事の執筆でも役に立つものです。デザイン力と同様に、日々磨いていくと他の仕事や趣味にも幅広く応用できるスキルです。構成力を高めて、よりよい投稿作りができるようにしていきましょう！

05 キャプションと ハッシュタグを設定する

投稿するときには、画像や動画を選んだ後にキャプションを入力する画面へ切り替わります。

キャプションは特に決まりはなく自由に書いていいのですが、何を書けばいいのか思いつかないという人もいるのではないでしょうか。

ここではキャプションに書くおすすめの内容と、ハッシュタグについても解説します。

投稿作りの最後の仕上げとなる部分なので、丁寧にやっていきましょう！

キャプションの書き方

キャプションは、投稿画像では伝えきれないことを書くのにぴったりな場所です。

情報の補足はもちろん、投稿にまつわるちょっとしたエピソードが書かれていると人間味が増しますし、フォロワーさんに質問したいことがあればコメントを募集するなど、自由な使い方ができます。

> ### キャプション内容例
> - 投稿内容の情報の補足
> - まとめ投稿で紹介した商品の一覧
> - 投稿にまつわるエピソード
> - 投稿で伝えたい想い
> - 自分のプロフィール
> - フォロワーさんへの質問 など

　最初のうち、投稿画像を何枚も作るのが大変なときは、伝えきれない分をキャプションに持っていくという方法があります。

　例えば、コスメを紹介したときにその詳しい使い方までは投稿画像で触れられないとしたら、商品の概要は投稿画像で、詳細情報や使い方はキャプションで、と分けます。

　この場合は、投稿画像の最後あたりに「キャプションで使い方を説明したので見てみてね！」と一言入れておけばさらに親切です。投稿を見終わる→キャプションを開く、と自然に行動を促せて、情報の伝え漏れが起きにくくなります。

　特に文字入れなしの投稿なら、キャプションで丁寧に補足を書くといいかもしれません。

「バッグの中身」というテーマの文字入れなしの投稿があるとします。このとき、各持ち物にタグ付けされていれば商品やブランドを確認することができますが、そうでないと「どこのものなんだろう？」と気になりますよね。

　こんなとき、キャプションを開いて商品名や値段など詳しい情報が記

載されていると参考にしやすく、「あとでまた見返して参考にしよう」と
投稿を保存してくれたり、見た人の満足度が高くなるでしょう。

　初めて自分の投稿を見てくれた方向けに、簡単なプロフィールを書い
ておく方法もあります。
　例えば私なら、「韓国好きの社会人で、普段は暮らしや勉強にまつわる
ことを発信しています」と一言書いておけば、印象に残る可能性があり
ます。投稿はいつも見てくれる人が楽しんでくれるかどうかだけでなく、
新しく見に来てくれた方にとってわかりやすく親切かどうかも大事なの
で、試してみてください。

ハッシュタグの付け方

　ハッシュタグは最大30個まで付けることができますが、基本的に投稿内
容と関連性のあるハッシュタグを必要十分な個数付ければいいでしょう。
　ハッシュタグの付け方ひとつでアカウントが爆発的に伸びることは、
まずありません。Instagramのレコメンド機能により、普段見ている投稿
に近いジャンルの投稿がどんどんおすすめされるようになり、そこから
新しい投稿を発見する人が多いです。

　あくまで私の体感ですが、ハッシュタグに裏技はないと感じます。私
はアルゴリズムにものすごく詳しいわけではなく、常に分析を続けてい
るわけではないので伝えるのが難しいのですが、自分のアカウントで試
したり他の人のアカウントを見ていて、「伸びているアカウントはハッ
シュタグが○個」「ハッシュタグの付け方が必ず共通している」と思っ
たことはありません。

同じようなハッシュタグの付け方でも伸びているアカウント、伸びていないアカウントなどいろいろですし、今のところハッシュタグの観点から一概にこうだと言える傾向は見つかっていません。

　ただし、まったくハッシュタグを付けないことは避けた方がいいです。「こんなに素敵な投稿ばかりなのに、それにしてはフォロワー数が少なすぎる気がする」と感じるアカウントを見つけたことがこれまでに何度かあるのですが、投稿を見ていくとハッシュタグがひとつも付いていないことがありました。ハッシュタグ0個よりは、適切なものをいくつか付けておいた方がいいでしょう。

　あまり難しく考えず、「投稿内容に合ったハッシュタグを必要なだけ付ける」ことを実践すれば十分です。

　現在は、ハッシュタグはバズを狙う要素というよりは、どんな投稿内容なのかを示すためのひとつの手段です。

　例えば、「韓国語の勉強」というテーマの投稿なら、韓国語関連の「＃韓国語勉強」「＃韓国語独学」といったハッシュタグだけでなく、ノートの内容を映しているなら「＃ノートの中身」「＃勉強ノート」、韓国語の勉強法について触れている内容なら「＃勉強法」などのハッシュタグもあわせて付けるといいでしょう。

　投稿を多面的に見て、付け忘れているハッシュタグがないか確認してください。

　また、ハッシュタグはキャプションとコメント欄のどちらかに記載できますが、現在は公式からコメント欄ではなくキャプションにハッシュタグを入れることが推奨されています。

06 | 投稿内容に統一感を持たせる

Chapter 1で考えたカテゴリやコンセプトが、ここで役立ちます。何度もお伝えしているように、世界観には見た目だけでなく内容も関連しています。いくら見た目に統一感があっても、投稿内容のカテゴリがバラバラだとまとまりのないアカウントになってしまうので注意が必要です。

1-05で、カテゴリを決めるときに複数出てきてどれを選べばいいかわからない場合は、投稿しながら最終的なカテゴリを決定しようと説明しました。実際に投稿する段階になったら、各カテゴリの投稿をバランスよく出していきましょう。

私の直近の投稿をそれぞれカテゴリ分類してみると、右のような感じになります。

投稿をカテゴリ別に分けてみた

複数のカテゴリ候補があるなら、今回はこのカテゴリ、次回はこのカテゴリというように、だいたい均等になるくらいのバランスで投稿します。「美容」「インテリア」「暮らし」「お金」なら、それぞれ順番に投稿していくイメージです。

　カテゴリが偏りすぎないように投稿をしばらく続けていき、インサイトを見て確認してみます（インサイトの見方はChapter 5で解説します）。すると、投稿単体だけではなくカテゴリ別の傾向が見えてくるので、今度はそれを参考にします。
「美容系の投稿よりインテリアの方が興味を持ってもらえてるみたい」というように、傾向を知ることで今後のカテゴリの絞り方の参考になります。
　この地道な作業を繰り返すことでカテゴリの数が絞られ、投稿内容に統一感が増していきます。

　投稿カテゴリが絞られたあとは、そのカテゴリでバランスよく投稿を出していくのがいいです。 ときどき客観的に見ないと、「最近このカテゴリの投稿全然してなかった」ということが起こるので注意が必要です。
　例えば、私の場合は「暮らし」「勉強」「ガジェット」「文字」といったカテゴリの中で、「最近iPadの投稿してないな」とか「勉強の投稿が少なかったな」と思ったらまた新しい投稿を作ったりして、カテゴリが偏らないようにしています。

　仮にiPadの投稿が多くなると、iPadの投稿を見たい人のフォローが増えてしまって、後から違うカテゴリの投稿をしたときに見られにくくなる可能性があります。完全にひとつのカテゴリに特化する方法もありますが、私の決めたコンセプトを守るために、バランスをいつも意識するようにしています。

好きなアカウントがあれば、その人の投稿をカテゴリ分けしてみるのも勉強になります。勉強系アカウントなら「文房具」「勉強法」「メンタル面・モチベーション」などのカテゴリが考えられ、どのカテゴリをどのくらいの割合で投稿しているのか、コンセプトと一貫しているのかなど客観的に見てみます。

　伸びている人はちゃんとコンセプトに沿ったカテゴリがあり、投稿内容の世界観を保っていることに気がつくはずです。

　Chapter 1で決めた「発信＆目的のコンセプト」と投稿内容・カテゴリがきちんと重なっているか常に振り返るようにしましょう。

07 | 投稿内容を考えるときの大事なポイント

　本Chapterの最後として、今まで投稿を作ってきた中で思う大事なポイントをいくつか紹介します。

　ずっと見続けてもらえる魅力的な投稿を作るためにちょっとしたコツを意識すると、他のアカウントとはまた違う独自性が出せたり、素直に自分を表現できるようになります。

① 「数字が伸びない投稿＝よくない投稿」ではない

　Chapter 5で分析の仕方について説明しますが、投稿をひとつひとつ見て分析していくと、インプレッション数（投稿が見られた数）やエンゲージメント（いいねやコメントなどのリアクション数）が他と比べて低い投稿があることに気がつきます。

　そのとき、数字が伸びていない＝このテーマはダメだと考えないようにしてください。

　こうした数字は、あくまでもどれだけの人の注目を集めたかの指標であって、内容のよし悪しとは関係がないからです。

　最初の方で説明したように、利益を追い求めるなら数字を真剣に見た

方がいいと思います。

しかし、本書のテーマは「個人が楽しく自分のことを伝えながら好きな仕事に繋げていく」というもので、この場合は数字だけで判断するのはやめた方がいいでしょう。

具体的に説明すると、例えば私のアカウントでは、アプリや文房具紹介の投稿が伸びやすいジャンルです。しかし、数字が伸びるからといってアプリや文房具紹介だけに絞りこんでしまうとコンセプトとずれてしまうので、それだけに絞ることはしません。

「語学勉強法 単語の覚え方」「20代読んでおきたい本」といった投稿も作っていて、これらは大きな注目を集める結果にはならず、数字もそんなに伸びていません。でも私のコンセプトや世界観から言えば必要な投稿だと思っているので、投稿してよかったと思っています。
「語学勉強法 単語の覚え方」の投稿は単語の覚え方で悩む人の参考になったり、「20代読んでおきたい本」は次に読む本選びのきっかけになったり、数字が伸びても伸びなくても各投稿の目的を果たせていれば十分です。

その人にしかない投稿内容のよさは、数字だけでは測れません。自分のアカウントを客観的に見るために数字を確認することは大切ですが、数字が伸びるかどうかで今後の投稿内容を決めてしまうのはもったいないということです。

最初に決めたコンセプトや世界観に沿っているのかどうかという視点で投稿内容を決めた方が、長く楽しく続けられて自分らしさも出すことができて、見ている方も楽しくなるでしょう。

137

② 大事なことは言葉にして伝える

投稿作りにおいて、言葉に関する知識は持っておいた方がいいです。言葉遣いを意識したり、わかりやすい説明をしたり、伝え方を最大限工夫することが大切です。

どんなに伝えたいことがあっても、それをうまく言葉にしたり説明できたりしなければ、内容を届けることができなくなってしまいます。

「言葉で伝える」という観点で言うと、普段からSNSで積極的に伝えるべきことは以下のような内容です。

❶ 発信をしている理由
❷ 投稿内容の目的
❸ 喜怒哀楽の感情

①発信をしている理由は、私なら「生きづらさや働きづらさに悩む人の助けになりたいから」「仕事や勉強を楽しむ工夫を伝えたいから」「韓国文化の魅力を共有したいから」などがあります。

当然のことなのですが、これらの理由は私が自ら言葉にしないと伝えることができません。何度も何度もさまざまな場所で言葉にして伝えていく必要があります。

発信している理由や想いの部分を伝えることで共感してもらったり、そのアカウントの方向性をはっきり示すことができます。

②は各投稿を作った目的で、例えば「勉強法の参考にしてほしい」「モ

チベーションが上がったら嬉しい」など、どのような気持ちで何を目指して各投稿を作ったのかを伝えます。

ただ情報だけまとめて伝えるよりも、その裏側にある気持ちを伝えれば、これもまた共感や人間味を感じてもらえることに繋がります。

③喜怒哀楽の感情は、文字通り「嬉しい」「楽しい」といった気持ちのことで、これらを伝えることで親近感を持ってもらえるきっかけになります。

私は普段の日常生活でも同じようにしているのですが、嬉しかったら嬉しい、美味しかったら美味しいときちんと言葉にするようにしています。**その人がどんな感情なのかわかることで、アカウントの向こう側の人柄が見えるような気がします。**

ひとつ注意点として、喜怒哀楽の「怒」については見せることはあまりおすすめしません。SNSで攻撃的な感情や負の感情を伝えると、書いた後の自分ももやもやしたり、見ている方も明るい気持ちにはなりません。

同じ負の感情でも、「哀」の方はときどきなら出してもいいと思います。悲しいという気持ちは誰かを責めるものではなく、自分の中で完結するものだからです。

ただ、そのときも「最悪だ」のように負のまま終わらせず、いろいろ書きつつも最終的にはポジティブな感情で締めくくる方が、見ている方も応援したくなるでしょう。

「言葉にする」というのは、意外と忘れがちです。意識して、特に伝えたいことは随所随所で頻繁に伝えていってください。

③ Instagram以外のところを見る

投稿内容が思い浮かばないとき、投稿する気分になれないとき、無理に考える必要はありません。そんなときは、Instagram以外のところを見て気分転換しましょう。

お出かけしたり、家族や友達と遊んだり、テレビや雑誌を見たり、新しい趣味を見つけたり、純粋に自分が楽しいと思うことを見つけてください。Instagramを頑張りたいからといってInstagramだけを見続けると、世界が狭まってしまいます。

まったく違うところからアイデアやヒントをもらうことが、私も本当によくあります。私は本屋さんやカフェに行くのが好きなのですが、たまたま出会った本のデザインが参考になることに気づいたり、カフェでぼーっとしたり夫と話したりして思わぬアイデアが出てくることがあります。

言葉について勉強したり、SNSやマーケティングの知識をつけたりするのも大事なのですが、それだけでは本当にその人らしさが感じられる魅力的な投稿作りにはならない気がします。

日常生活でいろいろなものに触れて考えて、その結果がSNSで形になって現れるのだと思います。SNSも楽しいですが、リアルな日常生活を楽しむことも忘れずに過ごしてください。

お悩み Q&A

投稿作りに時間がかかる……
効率よく投稿を作る方法はある?

投稿作りに時間がかかりすぎて他のことが何もできない……となったことが実は私もあります。もともと完璧主義な傾向があるため、投稿作りについ時間をかけすぎてしまって、このままだとInstagramを続けていくのが大変そうだと一時期悩んでいました。

しかし今では、投稿作りに割く時間をちょうどいい感じにコントロールできるようになったり、負担に感じずに投稿を作れるようになっています。

そのために工夫したことがあるので、同じ悩みを持っている方がいたらぜひ試してみてください。

❶ スキマ時間で準備しておく

日常のちょっとした時間で投稿作りの準備をしておくと、撮影や画像加工がスムーズに進められるようになります。

スキマ時間にしていること

- メモアプリに投稿アイデアと構成を書く
- メモアプリに撮りたい写真・動画のイメージやシーンを書く
- (撮影後) 使う画像や動画をフォルダ分けしておく

スマホのメモアプリを活用して、投稿のタイトルから全体の構成まで事前に考えておきます。
　私は電車やバスに乗っているときや、自宅のソファで寝転がっているとき、ごはんを炊いている間などちょっとした時間にメモしています。

　構成を考えると同時にどんな画像・動画を撮るかメモしておけば、その後の撮影もスムーズに進みます。

　撮影後、画像加工まで時間がある場合は、事前にフォルダに分けておきましょう。
　私は1日で撮影と加工をして投稿まで行うこともありますが、多くの場合は撮影・加工・投稿は別々の日にしています。撮影は晴れた日に自然光の元で行いたいので、晴れた日にとりあえず撮影だけ！　という感じにして、落ち着いたときに画像加工や文字入れ加工をしています。

　フォルダ分けをしておくと、撮影や加工を別々の日にする場合でも迷わずに進めることができます。日々たくさん画像や動画を撮るようになると探すだけでも手間になるので、面倒でもフォルダ分けして管理しておきましょう。

投稿素材をテーマ別にフォルダに保存しておくと後から編集しやすい

❷ こだわりを捨て、新しいやり方を模索する

　ずっと同じやり方で続けていると、それまでのやり方を変えるのは結構難しいものです。

　例えば私のケースでは、毎回文字入れ加工を行っていたのですが、「本当に毎回文字入れ加工する必要あるのかな？」と一歩引いて客観的に考えたことがありました。

　毎回投稿の1枚目にタイトルとして文字入れをする、というのが習慣になっていたのですが、必ずしも毎回文字入れしなくてもいいのかもと思うようになり、投稿内容によって説明も減らして画像メインにしてみました。

　すると、文字入れが少ないからといって見られないということもなく、普段とあまり変わらないエンゲージメント率（投稿に対する反応の多さ）だったため、必ずしもがっつり説明を入れる必要もないのかもと気がついたことがあったんです。

　これは一例ですが、「〜しなきゃ」と思っていたルーティンがあればあえて外してみて反応率の変化を見たり、もっと投稿しやすくなるように今までのやり方を変えてみるのは非常におすすめの方法です。

　ちょっと悲しい話ですが、時間をかけてこだわって作った投稿がそれほど見られず、むしろあまり時間をかけずに作った投稿がよく見られるという経験が私もよくあります。周りの人からも同じような話を聞いたことがあるので、発信では結構あるあるなのかなと思っています。

　自分のこだわりと見る人にとって大事なポイントが違うことはよくあるので、切り離して考えていろいろ試してみてください。その上で必要ないと思ったことはやめ、逆にやっぱり必要だと思ったら続けるようにします。

❸ フォーマットを決めておく

　時間短縮のために、ある程度試行錯誤したらフォーマットを決めておきましょう。

　私の場合は、加工アプリでよく使う加工パターンを保存しておいて、基本的にはすべての画像をそのパターンで加工→後から各画像に合わせて少しずつ明るさなどを調整しています。

　他にもノートや手帳を撮影するときは扇状に広げて真上から撮影したり、説明を書き加えるときはもこもこの吹き出しを使うなど、私の中での細かなフォーマットがいろいろあります。

　固定化できる部分は固定化して、時々②で説明したように客観的に見直す、という方法を取りながら自分なりのやり方を確立して効率化していきましょう。

❹ 手間と効率のバランスを考える

　「投稿作りを効率化したい」ということで説明してきましたが、あまり効率化に寄りすぎないのも大事だと思っています。

　投稿作りに時間をかけることは決して悪いことではありません。何か取り組むには時間がかかるのが当たり前ですし、最初ならなおさら時間がかかって当たり前です。

　私の投稿は手書きで文字入れをしているのですが、一時期手書き投稿に時間がかかりすぎて他のことができなくなってしまったので、手書きをやめたことがありました。

　しばらく手書き文字を入れることなくそのまま進めていたのですが、フォロワーさんから手書きが見たいという声を何度かいただいて、手書

き投稿を復活させました。

　その後は、手書きは続けるとしても、その分量を減らすことで手書き投稿をまた続けられるようになりました。

---

① 手書き加工に時間がかかりすぎてしまい、文字入れ方法を変更
② フォロワーさんが興味を持ってくれていた部分だと気がつき、手書き加工を再開
③ 手書き加工を続けつつ、時間を短縮するにはどうすればいいか考える
④ 手書き加工の分量を以前よりも減らすことで解決

　このような流れで、私の「時間がかかりすぎる問題」は解決できました。

　もし時間がかかりすぎていると感じる部分があれば、それをやめてみて、問題なさそうならそれで進めます。反対に上記の②のように外してはいけない部分だと気がついたら、どうしたらその方法を継続できるかもう一度考えてみます。

　発信はやってみないとわからないことが本当に多いので、気がついたことがあれば試して、フォロワーさんからの意見なども参考にしてやり方を模索していくのがいいでしょう。

　発信の根幹となる部分は大切にしつつ、こだわりを思い切って捨ててみたりやり方を変えたりしながら、自分にとってちょうどいいバランスで投稿作りができるよう調整してみてください。

01 Instagramでは デザインと世界観が重要

　Chapter 3では、投稿の見た目の部分について詳しく解説していきます。
　投稿の見た目を考えるとき、おしゃれさやデザイン性の高さだけではなく、わかりやすさや見やすさも大事です。

試行錯誤しながら続けていこう

　写真メインの投稿でも文字入れ加工の投稿でも、ちゃんと伝えたいことを伝えられている投稿デザインになっているかどうかが重要です。
　例えば、パステルカラーのような淡い色の上に白い文字で文章が書かれていたら、視認性が低く読みにくい投稿になってしまいますよね。
　文字入れなどして伝えたいことがある場合、読みやすさ・わかりやすさも大切にしましょう。

　また、世界観に合わせた投稿の作り方についても紹介します。
　私はデザインの仕事をしていたわけでもなく、世界観について考えたこともなかったので、最初はどのように投稿デザインを考えるのかまったくわかりませんでした。
　でもInstagramに取り組みながら勉強するうちにだんだんと理解が深まり、苦手だった写真撮影や画像加工も以前よりは上手になったと思い

ます。

「デザインセンスがない」と心配になる人もいるかもしれませんが、デザインや写真撮影に馴染みがなくても大丈夫です。

　参考までに、私の写真のビフォーアフターをお見せします。機種は異なりますが、すべて iPhone で撮影した写真です。
　撮り方や加工方法について試行錯誤するうち、iPhone で十分いい感じの写真が撮れるようになりました。

● **写真の撮り方 Before**

> カフェのかわいいドリンクも
> 背景や見せ方などを考えずに
> 撮っていたので、
> なんとなく上の方から
> 撮ってみたという感じの写真に
> なってしまっています

こちらもなんとなく
全体を映しているのと、
加工した色味が
強すぎる感じがします

斜めになってしまっているのが気になるのと、
上の方のアーチになっている部分が
中途半端だったり見切れているので、
真ん中に持ってきた方がバランスがよさそうです

真ん中へ

ななめになっている

● 写真の撮り方 After

色味を揃えたり
何を映したいのか
はっきりさせることを意識したら、
まとまりのある写真が
撮れるようになってきました

Chapter 3 投稿デザインを考える

ナチュラルで
雰囲気のある撮り方と
加工を研究しています

151

> かわいいカフェでの写真も以前より上達して、写真を撮るのが楽しくなりました！

> ブログやショップのロゴも勉強しながら自分で作りました

 i am ruka.
COZY DAILY LIFE AND STUDY LOG.

But Butter

デザイン力は日常生活にも応用できる

　デザインと世界観は、切っても切り離せない関係にあります。本書ではフォントやカラーの基本的な知識や選び方についても紹介していますが、すべてを解説することは難しいので、随所で私が紹介している書籍もぜひあわせて参考にしてください。

どれも私がデザインを学ぶのに読んだ書籍で、投稿作りの参考になります。

　構成力は他でも役に立つ大切なスキルだとChapter 2でお話ししましたが、それと同様にデザイン力も、Instagramの投稿作りだけではなく他のあらゆる場面で役に立つ力です。

　わかりやすいレイアウトや見やすさを考えられるようになれば仕事の資料作りに役立ちますし、配色の知識を身につければファッションやメイクなど日常生活で応用できます。
　Instagramに取り組みながら構成力やデザイン力などのスキルを身につけ、それをまた他の仕事や趣味に活かすというサイクルを作るのがおすすめです。

　このChapterの内容を実践すれば、写真撮影から画像加工まで一通りできるようになります。
　最初から思った通りにはできないかもしれませんが、あきらめずに練習を続けてください。

　まずは基本を押さえつつ、自分の納得いくデザインの投稿を作れるようになるために、一緒に勉強していきましょう！

02 投稿デザインの基本と考え方

　Instagramの投稿作りに関する基礎的な知識と、デザインの基本的な考え方を紹介します。

　どのようなデザインにしていきたいのか、大まかなイメージを考えていきましょう。

Instagramの投稿画像サイズ

　Instagramのフィード投稿の画像推奨サイズには3種類あります。

　もともとは1:1の正方形のサイズのみでしたが、近年縦長や横長の画像も載せられるようになりました。

Instagramのフィード画像サイズ
- 4:5 1080×1350px
- 1:1 1080×1080px
- 1.91:1 1080×566px

　より多くの情報を載せられたり、画像が占める面積が大きくなって印

サイズを選ぶ。4:5で投稿する場合は4:3で撮影しておく

スマホの編集機能で後から4:5にトリミングする

象に残りやすいと考えて、私はよく縦長の4:5の画像を投稿します。
　iPhoneで写真を撮るとき、デフォルトのサイズは4:3になっているので、そのまま4:5や1:1に当てはめると上下が切れてしまいます。
　1:1で投稿するときはカメラの設定も1:1にして撮影し、4:5で投稿するときは4:3で上下に余裕を持って撮影し、後からトリミングしましょう。

● **Instagramのリール動画サイズ**

- 9:16 1080 × 1920px

　リール動画は、画面いっぱいの縦長9:16サイズが推奨されます。
　スマホで動画を撮影するとデフォルトでこちらのサイズになるので、トリミングは必要ありません。

Instagramのストーリーズ投稿サイズ
- 9:16 1080×1920px

9:16でない写真を載せると、
上下が自動的に
写真に近い色味で塗りつぶされる

　ストーリーズも縦長の9:16が推奨サイズですが、他のサイズの画像は載せられないということはありません。上下に余白ができてしまいますが、4:5や1:1のサイズでも大丈夫です。

　私も4:5や1:1の写真を上の方に配置して、下の方に文章を入れたりすることがあります。

Instagramの画像加工機能

　Instagramに標準で備わっている画像加工機能もあります。

　投稿したい画像を選択して次の画面へ進むと、フィルターをかけたり明るさや彩度を調整できます。

　私はいつも別で編集アプリを使っていますが、Instagramだけで加工を完結することも可能です。かなり細かな加工ができるので、こちらの機能も一度試してみてください。

理想のデザインを考えてみよう

　ここからは、自分の理想とするデザインを考えてみましょう。すでに決めたアカウントのテーマやコンセプトに合わせて考えたり、どんな印象の投稿を作っていきたいか、ざっくりとしたイメージから絞り込んでいきます。

投稿のイメージを考える

- かわいい or かっこいい
- 明るい or 暗い
- あたたかい or クール
- にぎやか or シンプル
- その他：レトロ、モノトーンなど

　例えば、あたたかい or クールで「あたたかい」を選んだ場合は、オレンジやブラウンの色味を強調する加工を施したり、色温度という項目を＋側へ調整する加工方法が考えられます。

　イメージが決まれば、あとはそれに合った投稿作りができるように、撮影や加工方法を模索していくことになります（3-03 〜 3-08で解説）。

　いろいろな人の投稿を見て、素敵だなと思う雰囲気の投稿を見つけたら保存したり、どのようなデザインやレイアウトの投稿があるのかを知りましょう。

Chapter 3

投稿デザインを考える

流行りのデザインの傾向を押さえておくのも大切です。最近の全体的な傾向だと、にぎやかよりもシンプル、はっきりした色味よりもやわらかい色やくすみ系の色味が人気だと感じています。

　主観的に好きなものと客観的に好まれるもの、両方の傾向を知ってバランスを見て決めるといいでしょう。

03 誰でも簡単! 撮影方法のコツ

写真撮影は、スマホのカメラアプリがあれば十分です。私も、ときどきカメラを使うこともありますが、基本的にいつもiPhoneで撮影しています。投稿の9割以上はiPhoneで撮影したものになります。

iPhoneを例に解説しますが、Androidでも同様の機能があるはずなので、置き換えて試してください。

写真はちょっとしたコツで雰囲気がガラッと変わります。今回紹介するのはたった4つのことですが、私自身これらを意識するようになってから写真が上手になったような気になって、撮影のモチベーションも上がりました。

毎日写真を撮りながら、以下のことを意識して練習してください。

① 倍率を調整して歪みをなくす

iPhoneでカメラアプリを開いてすぐに撮影すると、「1×」の倍率になっています。このまま撮影すると広角での撮影となるので、歪みが生じてしまいます。

例えば室内を撮るとき、広々とした空間を強調したいときには広角レ

Chapter 3 投稿デザインを考える

159

ンズを使うといいのですが、近くにあるものを撮るときなどはものが歪んで見えるので、注意が必要です。

　私は基本的には、「2×」か「3×」で撮影するようにしています（2.5×で撮影することもあります）。「1×」から「2×」にするとものとの距離が近くなるので、その分離れて撮影します。

● **iPhoneでの撮影例（iPhone15 Pro 使用）**

1×で撮影。
歪みが強く出ているのがわかる。
風景や部屋の中全体など
広々と見せたいときに
使うのがおすすめ

2×で撮影。
実際に目で見たときの感じに近い。
グラスやiPadスタンドを見ると、
まだ少し歪みが出ているのがわかる

3×で撮影。
遠近感が薄れ、
目で見た感覚に
より近くなった

　これだけで一気にスマホの写真感がなくなり、歪みがなくなることで目で見たままの感じで写真を撮ることができます。
　また、物撮りで真上から写真を撮るときも歪みがなくなって自然な写真が撮れ、影も入りにくくなります。
　私はこれを知るまで、いつもカメラアプリを開いてすぐ撮影していたのですが、知ってからは毎回調整して撮影するようになりました。

　先ほどの室内撮影などのように、広角レンズを使った方が効果的な場合もあるので、場面によってどちらが最適か考えながら調整してください。

② 垂直平行を意識する

　カメラアプリの設定で、「グリッド」を表示することができます。このグリッドを頼りに、垂直平行を意識して写真を撮りましょう。

　少し斜めなのと垂直になっているのとでは、写真の安定感が違います。
　例えば、デスクの上にあるコップを撮るとき、①の方法と組み合わせて写真を撮ってみます。
　まずはコップの歪みがなくなるように、倍率を調整します。その後、垂直平行になっているかどうか確認しながら撮影します。

全体的にななめで
どこか不安定な印象

> グリッドを頼りに
> 平行を意識して
> 撮ると安定感が出る

　背景の中に縦線や横線があれば、それを目安にバランスを取ります。もし何も手がかりがないときは、感覚を頼りにまずは撮影して、後から編集で回転させてバランスを調整しましょう。

③ メインの被写体を考えて構図に配置する

　写真を撮るとき、画角の中に収まるものを確認し、何をメインとして撮るのかを考えます。何を中心にどこまで映すのか、何を映したいのかを考えるのが大切です。

デスク周りを例にすると、デスク全体を撮りたいのか、デスクの上にあるノートやマグカップに焦点を当てて撮りたいのか、何を撮ろうとしているのかによって画角も構図も変化します。

何かメインとなるものを決め、それを構図のパターンを考えて配置すると、写真全体のバランスがよくなります。

構図にはいろいろとありますが、「三分割構図」や「対角線構図」の2つはさまざまなシーンで応用できておしゃれに見えるので、まずはこれらを試してみてください。

真ん中に主役を持ってくる「日の丸構図」もあります。

構図は他にもたくさんあるので、自分の撮りたいものや雰囲気に合わせて最適な構図を探してみましょう。

三分割構図の例

対角線構図の例

日の丸構図の例

④ 部屋の明かりを消して自然光で撮影する

　写真撮影では光が重要な役割を果たします。一番のおすすめの方法は、部屋の明かりは消した状態で、自然光のみでの撮影です。

　自然光がもっとも自然で空気感の伝わる写真を撮りやすいので、私もいつも自然光で撮影しています。

左は日中、部屋の電気をつけて撮影。右は自然光のみで撮影した写真

両方に同じ加工を施した。左は電気の光を受けて所々オレンジっぽい色味が入っている（マドラーのクマの顔やコースター、後ろの時計、iPadスタンドを見るとわかりやすい）。右はよりナチュラルな色味となっている

部屋に一番日が入る時間帯と場所を見つけ、その時間帯と位置で撮るようにします。

　私の今住んでいる家は11〜15時頃のリビングの窓際にもっとも多く日が入るので、そのタイミングで撮影しています。

　光の当たる角度によっても印象が変わるので、横から光を入れるのか、上から光を入れるのか、それも調整してみてください。

　もしどうしても日が入らない場合には部屋の明かりをつけたり、スマホのカメラで明るさを調整して撮影しましょう。部屋の明かりを使う場合は、あたたかみのある電球色や自然な色味に近い昼白色など種類があるので、撮りたい色味に合わせて選ぶようにします。

　夜など暗い部屋で撮る場合は、間接照明をいくつか使うのがおすすめです。間接照明を使うと、柔らかい雰囲気の写真になります。

　また、朝・昼・夕方で光の色は変わります。例えば、朝の自然光は青寄り、夕方の自然光はオレンジ寄りとなります。

　フラットな色味にしたいのに夕方に撮ってオレンジっぽくなったときには、後から色温度を下げてオレンジ→青寄りに調整することでフラットな色味に近づけることができます。

　光についてはやっていくうちにわかることが多いので、さまざまな時間帯や明かりのもとで撮影して見比べてみましょう。

Chapter 3　投稿デザインを考える

> こちらは夕方頃のオレンジ色の光を活かした写真。
> iPhoneで撮影後、スマホの編集機能で
> コントラストを下げ、明るさを上げた。
> 光を意識すれば、
> フィルター加工なしでも雰囲気のある写真になる

167

04 | イメージに合わせた 画像加工方法

　私は普段、iPhoneのカメラアプリの画像編集機能と、画像加工アプリ「Foodie」を使用しています。

　iPhoneのカメラアプリだけでも十分な加工ができますが、フィルターを使ったりザラザラ加工（粒子加工）を施したいときなどにFoodieも使います。

　画像加工にはコントラストや彩度などの項目があり、組み合わせることでさまざまな雰囲気の加工を行うことができます。

画像加工の考え方と練習方法

画像編集・加工の代表的な項目について解説します。

- 明るさ：画像全体の明るさを調整する
- 露出：光の量を調整する（光が当たっている部分がより明るくなる）
- ハイライト：明るい部分を調整する
- シャドウ：暗い部分を調整する

- コントラスト：明暗を調整する
- 彩度：全体の彩度を調整する
- 自然な彩度：彩度をバランスよく調整する（彩度の高い部分への影響が少ない）
- 色温度：あたたかみを調整する

これらひとつひとつの項目の役割を理解し、加工したときにどのような雰囲気になるのか予想できるようになると、どんな写真も思うままに加工できるようになります。

ただ、文字で解説されてもあまりピンと来ないと思います。そこで、**各機能の特徴を押さえるコツとしておすすめなのが、極端に加工してみること**です。

適当に写真をひとつ選び、各項目のスライダーを一番上・一番下に移動させたりして、どのように画像が変化するのかを確認しましょう。

例えば、シャドウのスライダーを極端に上げたり下げたりしてみると、影となっている部分の明るさや色味が変化するのがわかります。

いろいろな写真で各機能を試してみると、どのように画像が変化するのか感覚的にわかってくるようになります。

「○○の数値を20にする」のような加工方法の情報も目にしますが、元の画像の明るさや色味によって同じ数値でも画像への影響は数値は大きく変化します。自分で理解できていればどんな画像にも対応可能で理想通りに仕上げることができるので、こうした情報を参考にしつつ、自分で実際に試して覚えていきましょう。

イメージに合わせた加工の仕方

次に、イメージに合わせた加工について考えていきます。
2つの具体例を挙げながら説明するので、この2つを練習問題にして実際に手を動かした後、目指すイメージに合わせた加工について考えてください。

例❶「かわいくてふわふわした雰囲気の投稿にしたい」

「かわいい」「ふわふわ」といったキーワードをもとに、加工方法を考えましょう。
元の画像はこちらです。ピンクのネイルや白の背景を活かして、かわいい感じの加工を施します。

まず、「かわいい」という言葉からは、「明るい or 暗い」で言えば明るいイメージの方が合います。もちろん暗めの加工でもかわいさを表すものもありますが、その後の「ふわふわ」という言葉もあるので、明るめの方が合っていると考えて進めます。
次に、「ふわふわ」というキーワードから、コントラストは弱い方がよさそうだと予想できます。
他にも、黒色を調整する「ブ

加工前の画像

ラックポイント」の値を下げると淡い印象になります。

彩度は好みによって決めます。彩度を高くするとカラフルで元気な雰囲気、低くすると落ち着いた控えめな雰囲気になります。

iPhoneの編集機能で
明るさ＋50、コントラストー50に
調整した画像。
これだけでもだいぶ雰囲気が変わり、
肌の色もきれいに見える

明るさ＋50、
コントラストー50、
ブラックポイントー10、
自然な彩度ー30

また、全体的に儚い雰囲気を足したい場合には、フェードの値も調整するとよさそうです（フェードはiPhoneのカメラアプリには項目がないので、Foodieなどの他のアプリを使います）。

Foodieで
フェードを追加し、
ピンクの色味の
フィルターをかけた

加工前と加工後の比較

例❷「シンプルでクールな雰囲気の投稿にしたい」

「シンプル」「クール」というキーワードから、明るすぎずナチュラルな雰囲気か、少し暗めでもいいかもしれません。

クールな雰囲気ということで、シャープさを足すとよさそうです。

加工前の画像

シャープネスの数値を上げると少しレトロな雰囲気にもなる

彩度を低めにすると落ち着いた感じになり、さらに暖かみを下げるとよりクールな雰囲気に近づきます。コントラストは普通〜高めか、最後に好みによって調整するのでもいいと思います。

暖かみの数値を下げたときの比較

> 白の色味がきれいに強調された画像になった。
> ここから明るさを上げる・コントラストを下げる・フェードをかけるなどの
> 加工を加えればかわいい雰囲気にも近づく。
> シャドウ＋30、明るさ＋25、自然な彩度－25、暖かみ－30、シャープネス＋35

 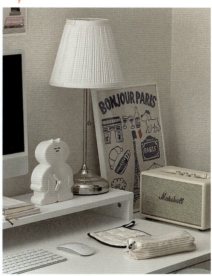

加工前と加工後の比較

　ちなみに、私の場合は「韓国風で飾りすぎないナチュラルな雰囲気の投稿にしたい」と思っているので、韓国の方の投稿を見て参考にしたり、「飾りすぎないナチュラル」というキーワードから、自然光で撮影＋加工は最小限にしています。

　カラフルでにぎやかよりは落ち着いた雰囲気の方がコンセプトに合っているかなと思うので、彩度は低めに調整しています。

　このようにして、目指すイメージを決める→各編集機能を組み合わせてイメージに合わせた加工を施す、という流れで試してみてください。

05 | デザインに統一感を出す方法

本項目では、「1枚1枚の画像は加工できても、全体で見たときになんとなく統一感がない……」という悩みを解消します。

① 撮る時間と加工方法を統一する

光のことをお話ししましたが、撮る時間をいつも同じにすれば、光の色も同じになります。光が青やオレンジに寄っていると加工の手間が増えるので、撮影時間をできるだけ同じにします。

さらに加工方法も統一させて、毎回同じような光の色味と加工方法にすれば、自然と画像の雰囲気が同じになります。

自分なりの加工方法が決まったら、メモアプリなどに書き留めておいてください。アプリによっては設定を保存しておける機能がありますが、万が一何かあったときにいつもの加工方法がわからなくならないように、私もメモアプリに書くようにしています。

また、iPhoneなら編集をコピーすることができます。以前使った加工をそのまま別の画像に当てはめたいときは、編集をコピー→貼り付けで一括編集することも可能でとても便利です。

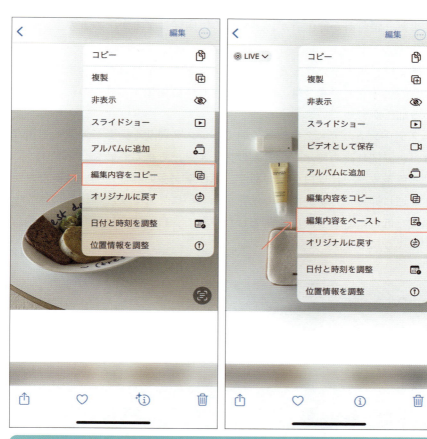

iPhoneの編集機能のコピーと貼り付け方法

② 映るものの色味を揃える

　毎回映るものの色味を揃えると、統一感が出やすいです。例えば、白系なら毎回白を多めにしたり、ピンク系ならピンクのものを多く映したり、それを毎回繰り返すことで統一感が出ます。

また、暖色系か寒色系か、どちらの方向性にするか決めるのもいい方法です。

　例えば、暖色系カラーといえばブラウンやオレンジがありますが、これらの色味が多い場合は、暖色系をきれいに見せてくれるあたたかみのある加工が合っています。

　ブラウン系のデスクを使っていて、デスク周りを撮影して載せる場合は、色温度は高めでオレンジ系のフィルターを重ねるのも合います。

　寒色系カラーには白や青があり、寒色系が多い画像の場合はあたたかみを逆に抑えた方が、画像の色味がきれいに見えます。具体的には、色温度を低めにしたり彩度を落としたりして、白や青といった色味を強調するようにします。

左はオレンジの光やデスクトップの色味、グラスと服の赤やピンクといった色味を活かして暖色系に加工した。
右は白やブラック、シルバーといった色味が多いので寒色系の加工に寄せた

その他にも、カラフルでかわいい感じの画像なら、色味を抑えるよりも彩度を上げて強調した方がよりかわいい雰囲気になります。食べ物も同じで、彩度が高めの方が美味しそうに見える効果があります。

寒色系か暖色系かどちらにするか決めて色味や加工を揃えれば、それだけで統一感が増します。

食べ物は彩度が高めの方が美味しそうに見える

③ 構図・レイアウトを同じにする

　構図やレイアウト、余白の撮り方、撮影するときの角度などを意識すると統一感に繋がります。
　私の投稿を例に出すと、文房具やガジェット、書籍の紹介など何か物を紹介するときは真上から撮影すると決めています。たまに違うときもありますが、だいたい真上から撮って真ん中に文字を配置しています。

　投稿全体で見たときの余白も気にするようにしていて、あまりごちゃ

ごちゃした感じになりすぎないように、余白のある画像を撮るように意識しています。

　毎回まったく同じにする必要はないかもしれませんが、ある程度揃えたり自分の中でルールを持っておくと統一感が出ます。

真上から撮影した投稿画像

④ 同じフォントを使う

　最後に、フォントもデザインを左右する重要なポイントです。文字入れ加工の場合は、できるだけ毎回同じフォントを使うようにしましょう。フォントを変えるだけで投稿の雰囲気が大きく変わります。

　最終的に、ぱっとそのデザインを見て「〇〇さんの投稿だ」とわかってもらえたり、「〇〇っぽいデザインといえばこの人だよね」と思い出してもらえるようになると印象に残りやすいです。
　実際に私も、水色といえばこの方、ピンクといえばこの方、透明感があるといえばこの方、といったように連想する発信者の方が何人かいらっしゃいます。こんな風に、私もすぐにぱっと思い出してもらえるようになったらいいなと思っています。

　内容でもデザインでも、一貫した世界観を伝え続けるようにしましょう。

余白を意識した投稿画像

181

06 | 文字入れ投稿の作り方

　文字入れ加工の投稿を作りたい方に向けて、具体的な手順を紹介します。今は無料で使えるアプリもたくさんあるので、スマホで気軽に文字入れ投稿を作ることができます。

　ここでは「Phonto」というアプリを使った文字入れ加工の方法を紹介します。

文字入れ加工の流れ

❶ 写真を撮る

　今回は縦長の投稿を作ることを考えて、4:3で写真を撮り、後から4:5にトリミングします。

❷ 明るさや色味を調整する

　iPhoneの編集機能やアプリを使って、投稿の雰囲気に合うように加工します。（3-04参考）

❸ 写真を取り込む

　Phontoで先ほど撮った写真を取り込みます。

　アルバムから写真を選択し、ここでフィルタをかけることも可能です。

すでに撮影した写真から
選ぶ場合はここをタップ

タップして文字を入力

❹ 文字を入れる

　画面のどこかをタップすると「文字を追加」と表示されるので、それをタップして、好きな文字を入力します。下部の「フォント」から好きなフォントを選んだり、左寄せ・中央寄せ・右寄せや縦書き・横書きも変更できます。

❺ **文字を調整する**

文字のサイズや文字間、傾きなどを調整して完成です。

文字を調整

文字入れ加工のコツ

● **視認性を高める**

細すぎるフォントは読みにくかったり、背景のカラーと似ていると視認性が低くなってしまいます。文字をきちんと読めるかどうか考えて、フォント選びやサイズ調整を行いましょう。

文字の色が背景と近く見づらいケース

● **文字入れする前提で写真を撮る**

　文字入れ加工する場合は、文字をどこに入れるか考えた上で写真を撮れるようになると格段に加工がしやすくなります。

　映したいものがあるのに、文字が上に被ってしまうと見せたいものが見せられなくなってしまいます。そうならないよう、文字を入れるスペースを考えて余白を作るなどするといいでしょう。

「このあたりに文字を入れよう」などあらかじめ想定して写真を撮る

手書き加工のやり方

　私もいつも使用している「Procreate」というイラストアプリを例にして、iPadを使った手書き加工のやり方を紹介します。こちらは有料のアプリですが、買い切りで一度購入すればずっと使えて、大変使いやすく関連情報も多いのでおすすめのアプリです。

「文字入れ加工の流れ」の②まで終わったとして解説していきます。

❶ **写真を取り込む**

　Procreateに写真を取り込みます。

❷ **新しいレイヤーを作る**

取り込んだ画像に直接書くと、書いたものを後から調整できないので、新しくレイヤーを作ってそこに書くようにします。

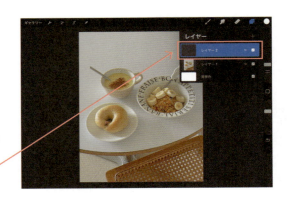

文字入れ加工はレイヤーを分ける

❸ **文字を書く**

好きなブラシを選び、太さを調節して文字を書きます。

レイヤーをこまめに分けておくと後から編集しやすい

　手書きでの文字入れは最初とても難しく、ペーパーライクフィルムという紙の書き心地を再現してくれるフィルムをiPadに貼ったり、デジタル・アナログともに何度も文字を書く練習をしたり、いろいろな無料・有料ブラシを試したりしました。

　好みのテイストに合わせてフォントを選んだり手書きを試したりして、文字入れ加工を楽しんでください。

「Phonto」
https://phon.to/download

「Procreate」
https://procreate.com/jp

07 世界観に合った フォントとカラー選び

Chapter 3 投稿デザインを考える

作りたい世界観に合わせて、フォントやカラーを選んでいきましょう。フォントもカラーも基礎知識をつけ、その上で日々アンテナを張ることでさらに知識がストックされていきます。

フォントについて

私はフォントを見るのがとても好きで、街を歩いていて見つけた看板や広告のフォントをいつもチェックしてしまいます。そんなとき、「このフォントはお店のイメージにぴったり」と思うこともあれば「このフォントはイメージに合わない気がするな」と思うこともあります。

フォント選びは、デザインの根幹に関わる部分です。自分の理想のイメージや世界観に合ったフォントを選べるよう、知識をつけていきましょう。

❶ フォントの種類の紹介

本書を読んでいる人の多くが主に使用するのは日本語だと思うので、日本語のフォントを中心に説明します。

フォントの種類は数え切れないほどありますが、大きく分けて「明朝体」と「ゴシック体」の2種類をまずは押さえておきましょう。

　明朝体は、筆で書いたような文字の形が特徴的です。はねやはらいが強調されていて、優雅さやしなやかさ、落ち着いたイメージなどを表すと言われています。

　ゴシック体は、はねやはらいがなく装飾がありません。そのため、視認性が高く、ポスターや看板などにもよく使用されます。
　ゴシック体は一般的に視認性を高めたいときや、シンプルさやモダンっぽさを表現したいときに合っています。
　ゴシック体の中にも「角ゴシック体」や「丸ゴシック体」などがあり、丸ゴシックは線の端が丸くなっているため、かわいらしさを表したいときにもぴったりです。

「ほのか明朝」使用

「筑紫A丸ゴシック」使用

明朝体もゴシック体も太さが変わるとまた印象が変わったり、一概に言えない部分もありますが、一旦上記のように分類して覚えてみてください。

　その上でいろいろな人の投稿を見てみると、「この人の投稿は女の子らしくて落ち着いた雰囲気で明朝体がしっくり来るな」とか「ゴシック体も太くしたり斜めにすると印象が変わるな」とか気づくことがまた増えていきます。

　フォントは他にもデザイン性の高いものやデジタル文字のような書体などさまざまな種類があるので、「フォント　種類」などと調べてチェックしてみましょう。

❷ フォントの決め方

　文字入れ投稿を行う場合、タイトルに使うフォントと本文に使うフォントで考え方が変わります。

タイトルに使うフォント
- 視認性が高いものを選ぶ
- 多少デザイン性が強くてもOK

本文に使うフォント
- デザイン性は抑えた方が無難

　タイトルに使うフォントは、細すぎたり読みにくいものは避けましょう。

　デザイン性が高いフォントでもいいのですが、読みやすいものを選ぶようにしてください。

一方で、本文に使うフォントはデザイン性が高いものよりも、シンプルな方が読みやすいです。見ている人が読んでいて疲れてしまわないよう、シンプルな明朝体やゴシック体を使うのがおすすめです。

また、同じフォントを使っても、文字間や行間を調整するだけで印象が変わります。

ゆったりとした雰囲気やかわいい感じにしたいときは、少し間を空けるのがおすすめです。

文字間、行間を広くするとゆったりした読み心地になる

❸ フォント探しにおすすめのサイト

私がフォントを探すときによく見ているサイトを紹介します。

フォントは無料・有料のものがあります。私もフォントを何度か購入したことがありますが、無料でも十分多くのフォントがあり、編集アプリに元から入っているものもあります。

投稿作りに慣れてきたら、より自分らしい投稿作りのためにフォント探しをしてみると楽しいと思います。

■ フォントフリー　https://fontfree.me/
無料で使える日本語フォントが見つかるサイト。カテゴリからフォントが探しやすい。各フォントの配布サイトで利用規約を確認してから使うようにしよう。

- デザインポケット　https://designpocket.jp/
幅広くフォントを探したいときにいつも見ているサイト。「目的別フォントガイド」という特集があり、イメージやテーマに合ったフォントが見つけやすい。

- フロップデザイン　https://www.flopdesign.com/
読みやすくかつおしゃれなフォントが多く見つかるサイト。各フォントのサムネイルがどれも素敵で、各ページにフォントを使ったデザイン例も載っていて参考になる。

❹ フォントを使うときの注意点

　フォントを使う際に注意したいのは、ライセンスに関する問題です。

　個人利用の範囲で使用OKのフォントもあれば、商用OKのフォントもあります。各フォントのダウンロードページにはほぼ必ず利用規約が掲載されています。

　多くの場合はSNSの投稿への使用はOKだったりもしますが、フォントにより異なる場合があります。

　以前海外のサイトでフォントを購入しようとしたのですが、画像に使用する場合と動画に使用する場合でライセンスが分かれていたことがありました。

　そのときはいまいちわからなかったので、「InstagramやYouTubeの投稿制作に使う場合はどのライセンスになりますか？」と問い合わせをしました。

フォントだけでなく、何か画像や動画素材を使うとき、他の人が配布してくれているものを使うときは、必ず利用規約やライセンスを確認するようにしましょう。

利用規約からはっきりしないときは、お問い合わせページから確認してください。

カラーについて

フォントの次は色についてのお話です。私はInstagramの投稿作りを通して、色にかなり敏感になりました。色の持つ力というのは絶大です。色の観点から、Instagramで注意するべきポイントを解説します。

❶ 好みとトレンドからテーマカラーを決める

投稿に使う色を決める際は、自分のテーマカラーを決めるような気持ちで考えるといいです。基本的には好きな色で決めてもいいかもしれませんが、好きな色がいくつかあったり迷う場合は、2〜3色にしてもいいと思います。

私の場合は、基本的にはホワイト・ピンク・ベージュ（クリームイエロー）といった色をテーマカラーとしています。

同じ色でも明度や彩度で印象がかなり変わり、またそのときのトレンドもあります。

例えば、本書を執筆している時点で言うと、カラフルで原色に近い色よりは、くすみカラーと呼ばれる淡いカラーが流行っています。

パステルカラーの彩度を少し落とした落ち着いた淡いカラーが人気で、くすみカラーの商品がかわいいなと思わず手に取った経験のある方も多

いのではないでしょうか。

このように、**自分の好みだけでなく、客観性を持って今流行っている色や多くの人に受け入れられやすい色を調べたり考えたりして取り入れる**のもいいでしょう。

❷ 色の勉強におすすめの書籍

色についてもっと詳しく知りたい方は、色に関する書籍を参考にしてください。「この色の組み合わせ素敵だな」「こんな雰囲気の投稿が作れたらいいな」など新しい発見があり、デザイン作りの勉強にもなります。

● 『なるほどデザイン〈目で見て楽しむ新しいデザインの本。〉』（エムディエヌコーポレーション）
パラパラとめくりながら楽しくデザインを学べる書籍。色を含めレイアウトなどデザイン全般について参考になる。

● 『3色だけでセンスのいい色』（インプレス）
カラー選びや配色のコツが学べる。色の組み合わせやバランスなど参考になり、カラーコードも載っているので真似しやすい。

● 『COLOR DESIGN カラー別配色デザインブック』（KADOKAWA）
デザインの実例が多く載っている。基礎から丁寧に説明してくれているのでわかりやすい。

08 フィード投稿作成で おすすめのアプリ

● スマホのカメラ

　最近のスマホはカメラがどんどん進化していて、気軽に高いクオリティの写真や動画が撮れるので本当にありがたいです。最初は手持ちのスマホで撮影して、もっときれいな写真や動画が撮りたくなったらカメラを検討するのもありだと思います。でもほとんどの場合は、スマホのカメラで事足りるでしょう。

　また、スマホは何といっても気軽に持ち運べるのがいいところ。私はYouTubeでVlogをアップしているのですが、Vlogもカメラとスマホ両方を活用して撮影しています。

● Foodie

　よく使っている画像加工アプリ。フィルタの種類が豊富だったり、加工パターンが「レシピ」として共有されているので、そこから選んで適用するだけで簡単におしゃれな画像に仕上げることができます。

● Picsart

　人気の画像加工アプリ。私は主に画像同士を組み合わせたいとき（3枚の画像を組み合わせて1枚の画像にするなど）にこちらのアプリを使っていますが、文字入れやステッカー、切り抜き機能などさまざまな機能があります。

● EPIK

画像加工アプリ。テンプレートが用意されているので簡単に加工できたり、フィルターやステッカーにもかわいいものが多いです。

● Canva

グラフィックデザインツール。スマホでも使用できます。デザイン初心者の方もテンプレートや素材を利用して、気軽におしゃれな画像や動画を作ることができます。有料プランだとより多くの素材などを使用できるようになります。

● Phonto

文字入れ加工におすすめのアプリ。私も手書き加工を行う前はこちらのアプリを使って文字入れしていました。直感的に使えるシンプルなUIでとても使いやすいです。

● Procreate

イラストアプリ。有料ですが買い切りで、非常に使いやすく人気のアプリです。私の手書き加工でもこちらのアプリを使用して文字入れを行っています。もともと入っているブラシの種類も豊富ですが、有料・無料ブラシを配布してくださっている方も多くいて、好みのブラシを探すのが楽しいです。

● アイビスペイント

イラストアプリ。こちらも手書きで文字入れを行ったり、イラストを描くのに人気のアプリです。

09 | リール投稿作成で おすすめのアプリ

● VLLO

私のリールも YouTube の動画も、ほとんどすべて VLLO で作っています。使い勝手がよく、かわいい素材も多いです。基本的な機能は無料でも使用できますが、より多くの機能を使いたい場合は課金するのがおすすめです。私も課金して使用しています。

● CapCut

CapCut も人気の動画編集アプリのひとつです。シンプルで使いやすく、音声読み上げ機能もあり、手軽にアフレコ動画を作りたいときにもぴったりです。

● VITA

おしゃれなエフェクトやフィルター、テンプレートが豊富な動画編集アプリです。

今回紹介したアプリはどれも人気が高く多くの人が使っているものなので、Google や YouTube などでアプリ名を検索すると、たくさんの情報が出てきます。

わからないことがあれば、その都度調べながら投稿作成を進めてください。

> **お悩み Q&A**

自分らしいデザインを見つけたい！
デザインのヒントを得るおすすめの方法は？

「他の人の真似ではなく、自分らしいデザインの投稿を作りたい」と以前ご相談いただいたことがありました。

世の中には完全オリジナルのものというのはほとんど存在しないと私は考えていて、どの商品やサービス、創作物も何かしらに影響を受けているものです。イラストを練習するときにはまず模写から始めようというのと同じで、まずはうまい人の真似をしたり、いい作品を再現する練習をして学ぶ、というのは非常にいい勉強方法です。

しかし、そうは言っても、丸ごとすべてを同じにするとなると自分っぽさやオリジナリティがまったくなくなってしまうのが嫌だ、という気持ちはよくわかります。そもそもまったく同じものを作ったら、場合によっては著作権違反になってしまいます。

ではどうするかという話なのですが、解決策としては、人のいいところを参考にしつつ他のアイデアを組み合わせる方法があります。

「人のいいところを参考にする」ことは、丸ごとそのままコピーするという意味ではなく、一旦自分の中で噛み砕いて要素に分解することです。

Chapter 3 投稿デザインを考える

例えば、あるデザインを見たときに漠然といいなと思って再現するのではなく、「視認性が高いフォントで見やすい」「手書きのイラストがアクセントになっていてかわいい」「配色が素敵」など、いいものを見たときに何がいいのかをひとつひとつ書き出していきます。

　すると、漠然といいと思っていたところから、自分なりの「○○だからいい」という理由をいくつも言えるようになります。そして、この分解した要素をピックアップして別のアイデアと組み合わせるのです。

　別のアイデアを得ることは、普段の生活の中でアンテナを立てるところから始まります。

　例えばスーパーでかわいいパッケージのお菓子を発見したら「かわいいな」で終わるのではなく、「なんでかわいいと思ったんだろう？」「他にないこのパッケージならではのかわいい部分ってなんだろう？」と自問自答してみます。

　これは私も実際にしていることで、お菓子のパッケージの他にも、ポスター・電車広告・書籍カバー・雑誌の特集など、本当にさまざまなところからアイデアを得ています。

　また、今紹介した方法はインプットですが、アウトプットの方法としておすすめなのは手帳デコ、ノートデコ、コラージュ作りなどです。

　配色の知識を活かしてこのペンとこのペンの組み合わせで手帳を書いてみよう、ステッカーの組み合わせを試してみようといった感じで、気軽にデザインの知識をアウトプットできるのがメリットです。

　Instagramの投稿内容やデザインを考えるのだからと、Instagramを眺めて考える人が多いと思います。もちろんそれも間違っていません。そのプラットフォームでどんな投稿が伸びやすいか、どんなデザインが目を引くかをチェックすることは大事です。

でも同時に、Instagram 以外のところからアイデアを得る習慣をつけ
ておくと、自分らしいデザインを思いつきやすくなるはずです。

「誰かがやっていることだからやる」という姿勢でいると、どうしても
他の人の後を追うことになってしまいます。一方で、いろいろなところ
からアイデアを得て勉強して「これとこれを組み合わせてみよう」「新し
い形を試してみよう」と率先して考えて実行に移せるようになれば、そ
れが自分だけのやり方になり、オリジナル性の追求にも繋がります。

　時間がかかったりうまくいくかどうかはわからなくても、自分の頭で
考えたことを試すことは楽しいもので、成功も失敗も後々役に立ちます。
「自分らしいデザインを見つける」というのもその一環だと思って、幅
広くアイデアを得たり考えたりして時間をかけて見つけていってくださ
いね。

01 アカウント運用の 基本の考え方

　ここからは、Chapter 1 〜 3で準備してきたことを踏まえて、実際に投稿したりフォロワーさんとコミュニケーションを取っていきましょう。

投稿作りそのものを楽しもう

　ここまでの段階で、以下のことは大まかにでも決まっているとして話を進めていきます。

- アカウントのテーマ、カテゴリ
- 発信と目的のコンセプト
- アイコン、アカウント名、プロフィール文章
- 投稿アイデア
- 理想のデザインや世界観

　投稿前の準備として、上記の内容をもとにアカウントの設定を行い、その後実際にフィードやリール投稿をしていきます。

最初のうちは、投稿ひとつ作るだけでも結構大変だな……と思うかもしれません。実は私も、3年以上経ってもいまだに投稿作りは大変だと感じます。続けるコツは、投稿作りそのものを楽しむことです。

例えば、「デザインの本に載っていたあのかわいい配色で次の投稿を作ってみよう」といったように、何かしらわくわくしたり、自分なりに楽しいと思える要素を探すといいです。

そんな感じで作成し、アップロードして終わり！……ではありません。

投稿をストーリーズに流してお知らせしたり、コメントをもらったら返信したり、投稿内容を見直して改善ポイントを探したり、投稿後もやることはたくさんあります。

後半の投稿内容の見直しや改善点を探すことに関してはChapter 5で解説するとして、本Chapterでは実際に投稿したり、フォロワーさんとどのようにコミュニケーションを取っていくかという部分について詳しく説明します。

せっかくアカウントを運用するなら、フォロワーさんの数を増やしたいと思う人がほとんどだと思います。そのための基本的な考え方として、アカウントが大きく育っていく過程と考え方についてここで紹介します。

フォロワーさんが増えていく過程

まず、フォロワーさんがどうしたら増えていくのか？　ということについてですが、一言で言うと「夢中になって見てもらえるアカウントを

作ること」が一番重要だと私は考えています。

　Instagramのアルゴリズムについて調べて、さまざまな用語を目にしたことがある人もいるかもしれません。私も基本的なことは調べながら勉強しましたが、その時々によって傾向が変わったり重要視される項目が変わることもあり、すべてを把握することは難しいです。
　例えば、投稿の保存率が重要視されたり、より多くの人に見られるためには発見タブに載るといいなど、さまざまな要素が存在します。

　ただ、アルゴリズムの細かな傾向が変わってもひとつ変わらないと言えるのは、Instagramを長い時間利用してくれる人が多くなるといいということです。サービス側から見れば、そのサービスに長く留まったり利用してくれる人が多ければ多いほどいいのは、どのサービスにとっても同じです。

　注目度が高く、夢中になって見る人が多いアカウントは、当然ながらより長い時間Instagramを利用する人が増えることに繋がりますよね。

　つまり、夢中になって見る投稿＝いいね数・保存数・コメント数が多い投稿とも言い換えられ、このように反応率が高い投稿が多くなると、アカウントは露出しやすくなると考えます。この反応率のことを、エンゲージメント率（以下エンゲージメント）と言います。

　「とにかくフォロワー数を増やせばいい」という考えは間違いで、**どんなにフォロワー数が多くても、エンゲージメントが極端に低ければあまり意味がありません。**

　初期の初期では数が増えることを目標にしてもいいかもしれませんが、

フォロワーさんが増えてきたら、「今このアカウントをフォローしてくれてる人は、投稿内容を楽しんで見てくれてるかな？」という視点を大事にしてください。

今フォローしてくれている人が楽しんで見てくれていなければ、アカウントは伸び悩みます。逆に、今フォローしてくれている人が夢中になって見ていて、投稿するたびに見に来てくれるなら、そのアカウントは今後も伸びていくでしょう。

フォロワーさんが楽しく見てくれる投稿はエンゲージメントが高くなり、その投稿は注目度の高い投稿だと判断され、発見タブなどフォロワーさん以外の人にも届きやすい場所に露出し、さらにフォロワー数が増えていきます。

数字を細かく分析したり、新しい機能が搭載されたら積極的に使ってみたり、他にもいろいろとできることはあります。
しかし忘れてはいけない基本的なことは、誰かが夢中になって見たくなる投稿作りができているかどうか、伝えたい人に伝えたいことを伝えられる投稿ができているか、これに尽きると思います。

小手先のテクニックだけでは、発信はうまくいきません。Chapter 1で考えたように、テーマやコンセプトを決めて、誰に何を伝えたいのかはっきりさせることが、すべての土台となります。そのため、本書の一番最初で説明しました。
アルゴリズムについて理解したり数字を分析することは、その土台ができていてこそ効果を発揮するものです。

アカウントを大きく育てていきたいと思ったら、夢中になって見ても

らえるアカウント・投稿作りができているか、それを念頭に置いて常に
振り返りながら進めていくようにしてください。

具体的な投稿の手順について

　本書を執筆するにあたって迷ったのですが、フィード投稿を行うとき
にはここをタップして画像を選ぶ、といったような投稿の具体的な手順
については省略することにしました。

　理由は、Instagramの投稿画面は結構頻繁に微妙に変わるので、画像付
きで解説するとむしろわかりにくくなったり、すぐに情報が古くなる部
分が出てきてしまうと思ったからです。

　Instagramで投稿するときに複雑で難しい設定などはありませんが、わ
からない画面や機能が出てきたらその都度Google検索すれば、何かしら
の情報が見つかります。

　私もInstagramを使っていてある日突然新しい機能が現れて、よくわ
からなくて調べる、ということがあります。

　SNSは本当に流れが早いものなので、機能の変更やアップデートが頻
繁に行われます。

　そのため、やりながらわからないところがあれば調べる、という流れ
が一番手っ取り早いです。**調べる力をつけることも大切**なので、わから
ないことがあればすぐに検索してみてください。最新の情報に関しては、
GoogleのほかXで調べるのもおすすめです。

見落としがちな大事なポイント

　アカウントを運用すると聞くと、ひたすら投稿して改善することだと考えるかもしれません。それも間違いではないのですが、意外と軽視したり疎かにしがちなのが、フォロワーさんとのコミュニケーションです。

　私がSNSを始めて10年近く経ってつくづく思うのは、SNSはコミュニケーションありきだということです。どんなにいい投稿を作っても、フォロワーさんからのコメントやDMを蔑ろにし続けているとアカウントの未来は先細りになるでしょう。

　今の時代、SNSに限らずすぐにアクセスできる膨大なコンテンツがある中で、私の投稿を選んで見てくれるというのは本当にありがたく、時に不思議で、本当に誰かの時間に値するような投稿を作れているのかなとふと考えるときがあります。

　<u>せっかく大切な時間を使ってリアクションをくれているのだから、それには誠心誠意応えた方がいいと思うのです。</u>もちろん時間には限りがあるので、私が実践しているバランスの取り方や、フォロワーさんとの距離感や付き合い方についても説明するつもりです。

　また、フォロワーさんのリアクションからは、学べることが非常に多くあります。投稿のどんな部分に興味を持ってもらったか、共感してもらえたのか、次に見たい投稿は何なのか、私もいつもいただいた意見を参考にしています。

　覚えておいてほしいのは、<u>**アカウント運用は一方的なものではない**</u>ということです。コミュニケーションを楽しみつつ、意見を参考にしてもっ

と満足度の高い投稿を作っていけるよう改善していきましょう。

　投稿作りの過程とコミュニケーションを楽しめる人は、SNSに向いていると思います。

　私は友人関係は狭い方で、仲がいい友人も数えるほどしかいません。頻繁に人に会うと疲れてしまったり、どちらかというとみんなでわいわい過ごすよりも、ひとりで何かものを作ったり書いたりしている方が好きなタイプです。

　でもだからといって人が嫌いというわけではなく、誰かと何かを語り合うのは好きなので、外に出て行くと疲れてしまう自分に矛盾を感じていました。

　そんなとき、フォロワーさんとのコメントやDMのやりとりは、私にとって程よい距離感でとても楽しいです。好きな韓国ドラマについて語り合ったり、美味しいものがあったら共有したり、そんなフォロワーさんとのやりとりが大好きです。

　こんな感じで、次の投稿のヒントを得るために！　とかエンゲージメントを高めるために！　と肩肘張らずに、純粋に楽しみながらコミュニケーションが取れるようになると、楽しく自然と伸びるアカウントを作っていけるでしょう。

02 フィード、リール、ストーリーズの使い分け

Instagramの投稿の種類は、フィード投稿、リール投稿、ストーリーズ投稿の3つです。

フィードは画像や動画の基本的な投稿方法で、リールは縦動画、ストーリーズは24時間で消えて……などそれぞれの特徴はすでにご存知かもしれませんが、では実際にどのように使い分ければいいのでしょうか。

人によりいろいろな使い道があるので絶対的な正解はありませんが、私がアカウントを運用する中で考えたおすすめの使い分け方を紹介します。「この内容は何で投稿するべき？」と迷ったら参考にしてください。

フィード投稿

フィード投稿は、画像や動画を1〜10枚まで投稿することができます。見た人は1枚ずつスライドしながら見ていくことができるので、しっかりと情報を伝えたいときにおすすめの投稿方法です。

例えば、画像と動画を組み合わせて投稿できるので、最初の数枚は画像に商品名や説明を入れて丁寧に解説し、後半で動画を織り交ぜながら商品の使い方をわかりやすく説明する、といった使い方ができます。

リールでも文字入れでの説明は可能ですが、動画なのでどんどん先へと流れていってしまい、情報量が多い場合は読むのが大変になり見るのをやめてしまう可能性が高まります。

タップで止めながら見ることもできますが、いちいちタップして止めながらたくさんの文章を読み説明を理解する、というのはユーザーの負担が増えてしまいます。

フィード投稿ならゆっくりと自分のペースで読み進めながら理解したり、何度も見直せるので、ユーザーにとって親切だと言えるでしょう。

情報量が多い場合はフィードの方が見返しやすい

フィード投稿がおすすめ
- 情報量が多い投稿のとき
- 何度も見返して確認してもらいたい内容のとき
- 流れで紹介する必要のない内容のとき
- ノウハウを説明したいとき（ただし、「イラストの描き方」のように動画メインの方がわかりやすい場合もあるので、内容により最適な方を選ぶ）

リール投稿

　リールでは流行りの音楽を付けたり、全画面の動画を投稿することができます。

　ぱっと見て気になる動画だとそのまま見続けてもらえたり、フィードのようにスライドして読み進めなくても先に進むので、「続きが気になって最後まで見てしまった」なんて人も出てくるでしょう。

　私もこういうことがよくあるのですが、特にかわいい動物の動画やメイクの動画などは続きが気になって、一度開くとかなりの確率で最後まで見てしまいます。

　かわいい動物の様子を伝える、メイクのやり方を説明する、イラストを描いている様子を伝える、といった内容のときは、動画をメインとして流れで説明する方がわかりやすいですよね。

　他にも、Vlogやルーティン系などは、実際に過ごしている様子を動画で伝えた方が、雰囲気や流れがわかりやすいでしょう。ただし、同じルーティン系でも、伝えたい情報がたくさんあって説明をメインにしたいときはフィード投稿の方がいい場合もあります。

　ルーティン系＝リール投稿がいい、のように決まっているわけではなく、何を伝えたいのかによってフィード・リールを使い分けるのが大切です。

　また、音楽を付けることで世界観を表現することもできます。音楽に合わせてカットを入れるなどして、見ていて楽しく心地いい投稿を作るのもいいでしょう。

　例えば、クリスマスの時期にはクリスマスソングを選んで、クリスマスにおすすめの過ごし方を紹介したり、クリスマスの飾りつけVlogを

アップするといった方法が思いつきます。

　フィードでも音楽は付けられますが、クリスマス準備の楽しい様子を伝えるには、全画面の縦動画＋音楽の方が没入感があり雰囲気も伝わりやすいのではないでしょうか。

　このように、リールでは雰囲気や世界観を表現したいとき、流れの中で説明するのがわかりやすいとき、先が気になる内容を見せたいときなどに使ってみてください。

文房具の片付け方、収納までの流れを紹介した投稿。リール投稿にして、流れがわかりやすくテンポよく見られるようにした

リール投稿がおすすめ
- 動画で順を追ってわかりやすく説明したいとき
- 雰囲気や世界観を強調したいとき
- 変化やオチのある内容
- Vlogやルーティン系の内容
- 音楽を活用したいとき

ストーリーズ投稿

　ストーリーズは24時間で消える投稿なのでフィードやリールのように残りませんが、「ハイライト」に設定することでプロフィール画面に残すことができます。

　複数作ることができ、それぞれ名前も付けられるので、ストーリーズの内容をカテゴリ別に分けてハイライトにまとめることが可能です。

　また、ハイライトに残さない場合でも、後から「アーカイブ」から確認することができます（他の人は見ることができません）。

　基本的には、普段の投稿内容とは少し異なる内容のときや、すぐに何か伝えたいことがあるときにストーリーズを使うといいです。

　ストーリーズを見ていると、何気ない投稿だからこそ、その人の人間性がダイレクトに伝わってくるような気がします。日常的な内容を投稿することで、思わぬところでフォロワーさんと共通点が見つかって話が盛り上がったことが私もありました。

　私の例で言うと、今日の予定やその日思ったことを載せたり、偶然見つけたかわいいものや美味しいもの、参考になった情報を載せることが

カテゴリ別のハイライト

多いです。

　具体的には、朝起きて仕事を始める前の気持ちの切り替えとして、デスク周りの写真を撮って一言コメントを添えたり、仕事のおともに買ってよかったスティックドリンクをシェアしたり、そんな感じで使っています。

　フォロワーさんにとって参考になる情報をいち早く届けたいときにも、ストーリーズならさっと投稿を作って載せることができます。
　私も、「今日はお菓子作りをした（日常的な内容）」「レシピはこれ！美味しかったから作ってみてね＋レシピへのリンク（参考になる情報）」のような流れで投稿することがあります。

　楽しかった！　よかった！　と心の底から思ったことは画面を通しても伝わるものです。できればその熱が冷めないうちに誰かに伝えた方がいいので、ストーリーズ投稿を作って届けるようにしましょう。
　世界観やコンセプトに合う内容なら、その後フィードやリール投稿に改めてまとめて紹介してもいいと思います。

　そして、フォロワーさんとコミュニケーションを取りたいときにもストーリーズは大活躍してくれます。

ストーリーズ投稿がおすすめ
- 日常的な何気ない内容
- いち早くシェアしたい情報があるとき
- ちょっとした参考になる情報
- フォロワーさんとコミュニケーションを取りたいとき

| 03 | 投稿のタイミングと
最適な頻度 |

せっかく頑張って作った投稿なので、より多くの人に見てもらえるように、投稿のタイミングや頻度についても意識してみましょう。

SNSはやってみないとわからないことが多いものですが、この2つもそれに当てはまります。特に最適な頻度については、投稿作りのペースや投稿の質と量の話にも関わるので、試行錯誤が必要な部分です。私も自分にとってちょうどいい投稿頻度がわかるようになるまで、結構時間がかかりました。

基本的な考え方を踏まえつつ、自分に合った投稿ルーティンを作っていきましょう。

いつ投稿するべき?

Instagramでは、投稿後の注目度（エンゲージメント率）が重要視されます。そのため、より多くの人に見てもらえるようにタイミングを意識して投稿し、投稿後にエンゲージメント率が高くなれば、その後投稿が露出する可能性も高まります。

アクティブユーザー（サービスを利用しているユーザー）が多い時間帯と少ない時間帯、どちらに投稿すればいいかは明らかです。

　まず、曜日については、平日と土日で閲覧率が変わります。
　平日は朝と夜の通勤タイムがあったり、お昼休憩があったり、夜ごはんを食べてのんびり過ごす時間があったり、といったことが考えられます。
　土日や祝日などお休みの日は、平日に比べてお昼頃から夕方にかけてのアクティブユーザーが多くなります。

　このスケジュールに則って考えると、平日の7〜8時、17〜19時の通勤の時間帯や、12時頃のお昼休憩、1日終わってのんびりする21時過ぎ、土日のお昼〜夜にかけてにはアクティブユーザーが多く、他の時間帯よりインプレッションが高まると予想できます。

　ここで注意したいのが、見てほしい人の行動パターンを重視するということです。
　上記のパターンは主に大人、社会人をメインとして考えていますが、学生に見てもらいたい場合には学生

インサイトでアクティブユーザーが多い時間帯を確認できる

のスケジュールに合わせた投稿が望ましいです。

　例えば、学生の授業終わりの時間がだいたい15 〜 16時とすると、この時間に合わせて15時くらいに投稿すれば学生に届きやすくなるかもしれません。

　すでにアカウントを一定期間運営している人は、インサイトからフォロワーさんの利用時間帯を見ることができるので、こちらの内容を参考に決めるのもいいと思います。

　ただし、多くの人がアクティブユーザーが多い時間帯に投稿すると、自分の投稿が埋もれてしまうという考え方もあります。

　もしアクティブユーザーが多い時間帯に投稿してもなかなか伸びないような気がするという時には、あえてずらして少し早めに投稿したり、逆に遅めに投稿するなどして、何度か試してみてください。

　また、**よさそうな投稿のタイミングを見つけたら、できるだけ固定化するようにしましょう**。毎回、朝・昼・夜とバラバラのタイミングが続くよりは、ある程度固定化した方がフォロワーさんも覚えやすくなります。「いつも18時頃に投稿してるから、今日も見てみよう」と見に来てもらえるかもしれません。

　まずは一般的におすすめとされる時間帯に沿って投稿してみて、うまくいかないようならずらして試してみるといいでしょう。

　ちなみに私もいろいろ試したのですが、今のところ17 〜 18時くらいに投稿すると投稿の伸びがいい気がしていて、自分のルーティンにも組み込みやすい（お昼過ぎから撮影→投稿作り→夕方に投稿）ので、これくらいの時間帯に投稿しています。

Chapter 4　アカウントを運用しよう

217

最適な投稿頻度はどれくらい？

　投稿頻度は、「投稿の質を保てる範囲で一番多い頻度」が最適だと言えます。

　投稿数は当然少ないより多い方がいいのですが、投稿内容が充実しているかどうかが何より重要です。

　投稿内容が適当でも毎日投稿すればいい、ということではなく、きちんとフォロワーさんのことを考えた充実した投稿内容であることが大前提です。

　ただし、投稿の質が大事とはいっても、最低でも週1回、できれば週に2～3回は投稿することをおすすめします。

　一般的な情報でもこのように言われることが多いのですが、私自身も試してみた結果、週1回の投稿ではアカウントの伸びはよくなく、インプレッションやエンゲージメントも下がっていく印象がありました。

　一時的にお休みするのは構いませんが、ずっと週1回の投稿を続けていても伸びが遅く、そのうち自分のモチベーションも下がってしまいます。

　大事なのは、投稿の質と量のバランスです。

　Instagramに割く時間をたくさん取れる人は、質の高い投稿を作って毎日投稿する方がいいでしょう。逆にあまり時間が取れない人やまだ慣れないときには、無理をして投稿内容が適当になってしまうよりも、丁寧に投稿を作って週2～3回投稿する方がフォロワーさんも満足してくれるはずです。

参考までに、私の最近の投稿頻度も週2 ～ 3回程度です。投稿作りは好きなのでできれば毎日したいところなのですが、他のSNSや書籍執筆、ショップの仕事などもあるため、これくらいの投稿頻度になっています。いつもより時間ができたときは、もう少し投稿頻度を上げて頑張るときもあります。

　とはいえ、最初のうちは質が高い投稿作りがどういうものかわからず、投稿カテゴリが定まっていなかったこともあり、質を保てているかどうかわからない状態でやっていました。

　それでも全然いいと思います。

「質が高い投稿」と聞くと身構えてしまうかもしれませんが、言い換えれば、**見てくれる人のことを真剣に考えて納得感を持って作った投稿かどうかということ**です。

　適当に作らず、でも完璧主義にもなりすぎず（私も完璧主義で投稿作りが大変に感じたことがありました）、今の精一杯の力で投稿を作ることが大切です。

　それを保てる範囲で投稿頻度を考え、継続していきましょう。

04　ストーリーズに何を載せる?

　私はInstagramを始めた頃、ストーリーズに何を載せればいいのかわかりませんでした。
「伝えたいことはフィードやリール投稿で紹介してるし、ストーリーズってどう使えばいいんだろう……」と悩んでいたのを覚えています。

　4-02の投稿の使い分けで少し説明しましたが、本項目ではより詳細にストーリーズの使い方について紹介します。
　ストーリーズは慣れれば楽しく、フォロワーさんとコミュニケーションが取りやすい場でもあるので、ぜひ積極的に使ってみてくださいね。

① 習慣にしやすい内容でルーティン化しよう

　一番ハードルが低く始めやすいのが、日常的なことをルーティン化して載せるというものです。日常的なことなら、特別なイベントやこれといった内容がなくても投稿しやすいでしょう。

　例えば、先ほど少し触れた通り、私は朝起きてデスク前に座ったら仕事を始める前にデスク周りの写真を撮ります。そして、「おはようございます。今日は1日家で仕事と勉強頑張ります!」のような一言コメントとと

もにストーリーズにアップしています。
　必ず毎朝アップすると決めているわけではありませんが、私のよくある投稿パターンのひとつとなっています。

　他にも、通勤途中の空をアップしたり、ランチをシェアしたり、勉強風景をアップしたり、人によりいろいろなルーティンがあると思うので、生活の中で何か投稿できそうな部分を見つけたらそれをストーリーズに投稿することを習慣にしてみましょう。

　また、日常的なことは自分にとって投稿しやすいだけでなく、フォロワーさんはその人の日常を垣間見ることができるので、親近感を持ってもらえるかもしれません。

朝のストーリーズ投稿の例

　私のデスク周りのストーリーズは、特に何か意図があったわけではなく自分の記録のためになんとなく始めたもので、ルーティンのようにずっと続けるつもりは実は当初ありませんでした。
　しかし、フォロワーさんから「毎朝見て私も頑張ろうという気持ちになります」「モチベーションになっています」といった嬉しい言葉をときどきいただくことがあり、「少しでも誰かのモチベーションになるなら」と意識して続けるようになりました。

　このように、いろいろ載せる中でフォロワーさんからのリアクションが多いものがあれば、積極的に載せていくといいと思います。

② よかったこと、嬉しかったことをすぐにシェア！

何かいいことがあったら、ストーリーズでその嬉しさを伝えてみましょう。
「資格試験に合格しました！」「美味しいお店を見つけた！」など、何でもいいです。

私は、SNSはポジティブな気持ちが広まっていくものであってほしいなと思っています。

試験に合格したと載せたら「おめでとう！」と言ってくれるフォロワーさんがいたり、美味しいお店を見つけて紹介したら、それを見たフォロワーさんが「私も今度行ってみます！」とリアクションをくれたり、何気ないやりとりかもしれないけどすごくポジティブで素敵だなと感じます。

楽しみにしていた本が届いて嬉しかったときの投稿

さらに、よかったことや嬉しかったことと一緒に、参考になる情報を付け加えるとフォロワーさんにとっても親切でしょう。

資格試験に合格したという報告なら、その後投稿で資格試験に受か

るまでにした勉強法をシェアすれば、同じ試験を受ける人の参考になります。

③ 今ハマってること・マイブームで楽しさを伝えよう

　普段の投稿内容とは少し違ったとしても、今ハマっている楽しいことについて載せるのもおすすめです。投稿にすると世界観やコンセプトからずれてしまうものも、ストーリーズなら一時的に載せることができます。

　私の例で言うと、最近料理やお菓子作りにハマってるので作ったものを載せたり、読書に集中しているときは読んでよかった本、今見てるドラマやアニメを紹介したりもします。
　これも②と同じで、フォロワーさんと嬉しさや楽しさなどポジティブな気持ちを共有できます。誰かが本気で楽しんでいる様子というのは、こちらの気持ちもワクワクさせてくれるものです。

　また、相手のことを知るときに趣味や休日の過ごし方について尋ねることがあるように、好きなものについてシェアすることで、自分のことを知ってもらうきっかけになります。

　投稿で伝えきれない好きなもの・こと、趣味、何に感動したりワクワクするのかをストーリーズで詳細に伝えることで、「この人ってこんな人なんだ」とより深く知ってもらえるでしょう。

④ リンク付きで買ってよかったものを紹介しよう

　買ってよかったものをリンク付きで紹介すると、フォロワーさんの買い物の参考になります。フィード投稿でまとめて紹介することもできますが、ストーリーズではリンクを載せられるので、フィード投稿で紹介したものも改めてストーリーズで紹介する例がよくあります。

　ストーリーズでは画像も動画も載せることができるので、開封の様子や商品の詳細について伝えたいときは動画を活用するのもいいでしょう。リンクが見当たらない場合は、パッケージとともに商品名などを載せておくと親切です。

愛用の日記帳を紹介した投稿

⑤ ブログやYouTubeの更新のお知らせをしよう

　Instagram以外のSNSを更新したとき、お知らせとしてストーリーズにアップしてみましょう。「普段Instagramのアカウントは見てるけど、他のSNSはあまり見ない」という人も、これをきっかけに他の媒体での発信内容も見てくれるようになるかもしれません。

　私も、ブログやnote、YouTubeを更新したときはストーリーズに載せるようにしています。
　ただリンクを載せるだけでなく、サムネイルとともに載せるなどして、クリックしたいと思ってもらえる投稿作りを意識します。

　プロフィールリンクに他のSNSへのリンクを載せていたとしても、意外と見ていない人がいたりします。「他のSNSもやっているので見てみてね」「更新したので見てみてね」とストーリーズで促していきましょう。

YouTubeの更新の
お知らせ投稿

⑥ スタンプでコミュニケーションを取ろう

　ストーリーズで使えるスタンプ機能で、さまざまな形でフォロワーさんとコミュニケーションを取ることができます。

　フォロワーさんもコメントをするよりも気軽にリアクションしやすいので、ぜひ使ってみることをおすすめします。

　スタンプ機能を利用するときは、フォロワーさんが見やすい・押しやすい位置にスタンプを置くように気をつけましょう。

ストーリーズで使えるスタンプ
- アンケートスタンプ
- 質問スタンプ
- クイズスタンプ
- 絵文字スライダースタンプ
- リアクションスタンプ
- メンションスタンプ

05 ストーリーズを使うときの注意点

ストーリーズは24時間後に消えてしまう投稿ではありますが、だからといって自由に好きなように投稿すればいいというものでもありません。

むしろ、ストーリーズの使い方次第でユーザーとの距離が縮まったり、逆にフォロワーさんが離れていくきっかけにもなりかねないほど、重要なものであると私は考えています。

ストーリーズも普段の投稿と同じように、見てくれる人のことを常に考えながら投稿するようにしましょう。ここでは、ストーリーズでやりがちで、かつ注意したいことについて紹介します。

① フォロワーさんと足並みを揃える

簡単なようで結構難しいのが、足並みを揃えることです。

前提知識がないと理解できないような投稿内容を続けていると、フォロワーさんが理解できずに離れていく可能性があります。

私は韓国語の勉強をしているのですが、韓国語の試験で「TOPIK」という試験があります。韓国語を勉強している方は、TOPIKでの合格を目指して頑張っている方も多くいます。

ここで注意したいのが、「TOPIK」という言葉は韓国語学習者の中では共通の単語かもしれないけど、韓国語学習者以外は「TOPIKって何だろう？」と思うかもしれないということです。

　そのため、私は「TOPIKを受けてきた」などと載せるときには、「TOPIK（韓国語の試験）を受けてきた」と書くようにしています。

　つまり、**そのストーリーズを初めて見る人や前提知識がない人のことも考えて、文言を考えよう**ということです。

　ストーリーズ投稿はさっと作れる分、気持ちが突っ走っていると客観的な視点を忘れてしまったり、自分にとっては当たり前のことなので説明は必要ないと思ってしまうかもしれません。

　しかし、いろいろな人がストーリーズを見ることを考えて、前提知識がなくてもわかるように親切に書かないと、よくわからないな……となってフォロワーさんはストレスを感じてしまうかもしれません。

　投稿するとき、それまでの流れがわからなくても理解できるかどうか、客観的な視点を持つようにしましょう。

　もうひとつ注意点を挙げるとすると、ひとつのストーリーズに情報を詰め込みすぎるのもあまりおすすめしません。

　文字がぎっしり詰まっているよりも、適度に改行があったり、順を追って数枚の画像で説明されている方がわかりやすかったりします。

　ストーリーズは気軽にアップできる投稿である分、気が抜けてしまうこともあるので、親切な説明になっているか、わかりやすいかどうか気を配るようにしましょう。

② 普段の投稿内容との統一感を考える

　ストーリーズでは、普段の投稿内容とは少し違う日常的なことなども投稿できますが、あまりに普段の内容から乖離してしまうと、フォロワーさんにとって違和感があるでしょう。

　例えば、私は普段暮らしや勉強に関して投稿していますが、急に難しい株式投資の話などをストーリーズで投稿したら、どのような印象になるでしょうか。

　暮らし全般の内容を扱っているので、フリーランスのお金管理やお金の勉強について触れることもあり、その程度の範囲なら違和感はないかもしれません。
　しかし、本格的な投資の話となってくると、普段からお金について投稿しているアカウントでない限り、フォロワーさんは馴染みがなくびっくりする可能性があります。

　あくまでも一時的に、マイブームのような感じで載せるなら大丈夫かもしれませんが、**普段の投稿内容との乖離がずっと続くと、せっかくフォローしてくれた人も「求めていた内容と違う情報ばかり流れてくる」と思ってフォローを外してしまう**でしょう。

　少し感覚的ではありますが、ストーリーズで日常的な内容を流すとしても、普段の投稿に合わせた内容が少なくとも6〜7割はあった方がいいと思います。

　24時間後に消えるストーリーズ投稿であっても、フォロワーさんの目

に触れることに変わりはありません。アカウントのコンセプトや主軸テーマからはなるべく離れないように注意しましょう。

③ ネガティブな内容を載せすぎない

　ストーリーズはＸのように、つぶやき感覚で載せることができます。
　そのため、ふと思ったことや気がついたことを気軽に載せられるのがいいところですが、同時にネガティブなことも載せやすいという側面もあります。

　同じネガティブな内容でも、ちょっとした失敗をして落ち込んだり、不運な出来事に出合ってしまったときなどはシェアしてもいいと思います。人間味が感じられたり、そういった悲しいことがあっても前向きに頑張ろうとしている姿勢は応援したくなるものです。
　こういったネガティブな内容は誰を傷つけるわけでもなく、不快な気持ちにさせるわけでもないので投稿してもいいと思うのですが、一方で怒りや誰かに向けたネガティブな感情には注意が必要です。

　怒りや誰かに向けたネガティブな感情は、できるだけ自分の心の中に留めたり、SNSではなく日記に書いた方がいいです。
　怒りにしても、自分に向けた怒り、例えば「今週中にやろうと決めていたことができなかった。次は同じ失敗をしないように、計画を立ててやっていこう」のような内容は自分の中で完結するため、誰かを不快にさせることはほとんどないと言えます。

　しかし、相手がいるようなネガティブな感情は、SNSで発散させたと

ころで解決に向かうことはなく、さらにはネガティブな感情がストーリーズ投稿を見てくれた人に伝染してしまいます。

　SNSではすべてさらけ出すと人間味が伝わる、という考え方もありますが、私はこの意見には賛成していません。すべてをさらけ出すと自分の感情も揺さぶられたり疲れたりするので、隠すべき感情は隠す方がいいと思います。

　ずっと前の話ですが、私もSNSでネガティブな感情をシェアしたあとに「あれは書くべきではなかったな」と気持ちがもやもやして、結局投稿を削除したことがあります。

　もしそのような内容をどうしても投稿したいなら、前向きな内容に繋げられるように自分の中で消化してからの方がいいと思います。

　ネガティブな内容については注意して、本当に投稿するべきか立ち止まって考えましょう。

06 　初期段階でおすすめの運用方法

　しばらくアカウントの運用を続けていくと、フォロワー数が500人、1,000人と徐々に増え、フォロワーさんとやりとりする機会も出てきて楽しくなってくると思います。

　問題なのは、それまでの運用方法です。フォロワー数がなかなか増えなかったり、投稿のインプレッションやエンゲージメントが思うように伸びないと、モチベーションも落ちていきます。

　初期段階のなかなか伸びずリアクションも少ない状況をどうやって切り抜けるのか、ぜひ参考にしてください。

① 同じテーマのアカウントを探して交流する

　まずは、自分の選んだテーマと同じアカウントを探してみましょう。

　例えば、スキンケアについて投稿する予定なら、「スキンケア」「肌ケア」「肌管理」などの思いつくキーワードやハッシュタグで検索して、同じスキンケアに関するアカウントを探していきます。

　次に、同じテーマのアカウントで、かつ自分と同じ規模感のアカウントを探します。

同じくらいの規模のアカウントだと親近感もあったりして、交流が生まれやすい傾向があるからです。

　具体的な探し方としては、ひとつひとつの投稿→プロフィール画面へ遷移して地道に確認するほか、大きな規模のアカウントのフォロワー一覧から見ていく方法があります。
　スキンケアのテーマで人気のアカウントのフォロワー一覧にいる人は、きっと少なからずスキンケアに興味がある人のはずです。
　鍵付きにしていて見る専門のアカウントも多いとは思いますが、自分と同じように美容について積極的に発信しているアカウントも見つかるはずです。

　そうしてアカウントを探し、いいなと思えばフォローしたり、いいねやコメントをするという流れです。同じようなテーマのアカウント同士なら、こちらがフォローすれば、同じテーマなので相手側も興味を持ってフォローしてくれたり交流が生まれるかもしれません。

　もちろん、違うテーマの人をフォローしてはいけないという決まりはありません。テーマから少し外れていても、興味を持ったアカウントがあればフォローしたり、いいねやコメントをしてみてください。
　こうしてやりとりが徐々に増えていけば、発信が楽しくなっていきます。

② 自分から積極的に行動する

　SNSはコミュニケーションありきの世界だとお伝えしました。リアク

ションが来ることを待っているのではなく、自ら行動していきましょう。

　私も、頻繁にいいねをしてくれる人やコメントを書いてくれる方はすぐに覚えますし、私もリアクションを返したいと自然と思うようになります。

　何かしてもらったときにお返しをしたいと思う心理を「返報性の原理」と言いますが、みなさんも何かお土産やプレゼントをもらったときなど、同じように感じた経験があるのではないでしょうか。

　ここでひとつ注意が必要なのが、「リアクションを求めて行動しない」ということです。「相手がリアクションを返したいと思うから行動しましょうってことじゃないの？」と思ったかもしれませんが、ちょっと違います。

　フォローが返ってきたり投稿にいいねやコメントが来たら嬉しいものですが、リアクションを一番に考えると、やみくもにフォローやいいねをすることにも繋がってしまいます。

　フォロー返し目的で多数のアカウントをフォローする人もいますが、これをすると Instagram から一時的に利用制限をかけられてしまったり、ただフォロー数だけがどんどん増えていくことになります。

　何より、このような運用方法を続けていると、自分自身が疲れてしまうと思います。

「いいな」と思っていないのにいいねをしたり、全員にまったく同じコメントをつけたり、そういった運用方法は結局自分のためという心理が透けて見えてしまい、長く続くいい交流関係には繋がりません。

　積極的に行動するにしても、**見返りを求める自分本位の行動ではなく、**

見ていて純粋にいいなと思ったらいいねやコメントをしたり、この先も**ずっと見てみたいと思うアカウントをフォローした方が、疲れることなく楽しく運用できるはず**です。

あまり焦らず、素敵なアカウントや交流したいアカウントをゆっくり探していくような気持ちでやっていきましょう。

③ 世界観を作ることを楽しむ

はじめのうちは、先ほど触れたようにすぐにアカウントが伸びたり多くの人と交流できるわけではないので、そんなときはアカウントの世界観作りを頑張ってみましょう。

特にInstagramを始めたばかりの頃は初めて出会うアカウントばかりだと思うので、いろいろな投稿を参考にして自分の世界観をブラッシュアップしていくといいです。

私は保存フォルダの中に、「すき」フォルダというものを作っています。

フォルダ名は何でもいいのですが、**ひとつフォルダを作り、直感的に好きだと思った投稿をその中にどんどん保存していく**のです。

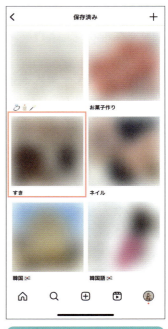

「すき」フォルダ

私は他にも「美容」「料理」「カフェ」などのフォルダを作って参考になる投稿を保存しているのですが、「すき」フォルダはそれらとはまた別の目的のものです。
　「内容が参考になる」という冷静な判断ではなく、衝動的に好きだと思った投稿を集めることで、自分がどんなことに感動したり魅力的だと感じるのかがわかるようになります。

　好きなジャンルや加工の雰囲気、投稿の作り方や内容まで、総合的に見て好きだと思ったものがそのフォルダに集まるため、目指す世界観が具体的にどのようなものなのか迷ったときの指標になります。
　ときどき「すき」フォルダを見返しては改めて好きな雰囲気や投稿テーマを確認したり、投稿の共通点を見つけて「私はこういう方向性のものが好きなんだな」と再認識するきっかけにしています。

　最初の段階で一番大事なのは、焦らず楽しくやっていく心の持ち方だと思います。
　短期間でアカウントを伸ばした体験談などを見かけると不安になるかもしれませんが、人それぞれのペースがあります。

　うまくいくまで試行錯誤する姿勢は必要でも、焦る必要はありません。
　どんな人もずっと右肩上がりの状態が続くわけではなく、伸び悩みは必ずどこかで経験するものなので、気楽に楽しくやっていきましょう。

07 | フォロワーさんとの 関係作り

　相手がいてこその発信なので、フォロワーさんといい関係を築くことが、自分も相手も楽しい発信に繋がると考えます。

　フォロワー数が増えれば増えるほど難しくなっていくかもしれませんが、それでもできる限りひとりひとりと向き合おうとする姿勢を持っている発信者の方は応援され続けます。

　そんな姿勢を保ち続けるための考え方や、ちょっとした工夫について紹介します。

① コメントやDMの対応を疎かにしない

　コメントやDMは返さない、もしくはコメントは返してもDMは対応しない、といった人もいると思います。

　コミュニケーションの取り方に絶対的な正解はありません。しかし、フォロワーさんを巻き込んで発信していきたいなら、コメントやDMにはできるだけ丁寧に対応する方がいいでしょう。

　周りの発信者の方を見ていても、コメントやDMを丁寧に返している人ほど熱量の高いフォロワーさんが多い傾向にあります。

コメントやDMは、フォロワーさんと交流できる大切な場所です。

投稿内容に気になることがあってコメントしてみたら詳しく答えてくれたという場合と、何度コメントしても返ってこない場合なら、当然前者の方が「またこの人の投稿を見よう」と思ってもらえる可能性が高いと言えます。

全員に返信するのが難しかったり、見落とすこともあるかもしれませんが、それでも大丈夫です。**フォロワーさんとちゃんと向き合おうという気持ちを持って、できる範囲で返信することが大事です。**全員に返せなくても、その気持ちはきっと伝わるはずです。

ただし、あくまでも自分が疲れない範囲で行うようにしてください。

例えば、DMで毎日長文の相談が来て毎回すべてに返信する、というのは難しいですよね。

答えにくい質問が来たり、何と返していいかわからないときなどいろいろなパターンがあると思います。

そんなときは無理せずに、詳しく答えるのが難しいと伝えたり、答えない場合があってもいいと思います。また、よく来る質問に対しての回答となる投稿を作っておいて、質問されたら投稿を送って参考にしてくださいと伝える方法もあります。

私のケースでは、「韓国語を勉強したいけど何から始めたらいいかわからない」という質問をよくいただくので、「韓国語勉強 はじめかた」という投稿を作って、それを参考にしていただいています。

② 気持ちを精一杯伝えよう

　コメントやDMを返すときに、私が特に気をつけていることがあります。
　それは、テンション高めで気持ちをちゃんと言葉にして伝えることです。

　直接のコミュニケーションと違って、文面だと気持ちが伝わりにくいことがあります。
　例えば、文面でやりとりするとき、語尾に絵文字がたくさん使われているのと「。」で終わっているのとだと、絵文字があった方が気持ちが伝わるような感じがしませんか？

　絵文字だけでなく文章も、みんなに一律で同じ文章を返すのではなく、その人の送ってくれたメッセージに対してのリアクションも入っていた方が、より気持ちが伝わりやすいです。

　「いつも投稿見ています！　これからも楽しみにしています」といったコメントやDMをもらった場合、「ありがとうございます」でもいいのですが、「いつも見てくれて嬉しいです！　ありがとうございます」と返ってきた方がより気持ちが伝わる感じがします。
　「ありがとうございます」の一言で済むような場面でも、できれば一人ひとりに対してもう一言二言添えて返すと、フォロワーさんとぐっと距離感が近くなります。

　これはSNSを始めてから感じたことなのですが、**嬉しいことを嬉しいと言葉にしてちゃんと伝える**のって大事だなと実感するようになりました。
　例えば食事を作ってもらったときも、黙々と食べながら「美味しいな」

と考えても相手には伝わりませんが、声に出して相手に「美味しいよ」と伝えれば、相手も嬉しい気持ちになります。

特に嬉しい、楽しい、よかったなどの感情はちゃんと声や言葉にして伝えていくと、相手にも伝わって前向きないい関係に繋がっていくはずです。

③ 口調により関係性や距離感が変わる

コメントやDMに限らず普段の投稿にも関わることですが、文章の口調によってもフォロワーさんとの距離感が変わります。

例えば、敬語は少なく砕けた口調で話すようにすると、まるで友達と話しているかのように感じて親近感を持ってもらえます。一方で、敬語を多用して話せば丁寧な印象を与えます。
これは、相手にどのような印象を持ってもらいたいかによって使い分けるといいと思います。
私は基本的には敬語ですが、何度もやりとりしていたり、相手が砕けた口調で話しかけてくれた場合は私もそれに合わせるようにしています。

ひとつ注意したいのは、仕事でメールを書くときのような硬い口調になりすぎると、ちょっととっつきにくい印象になってしまうことです。
私も、仕事でメールの返信をした後にストーリーズをアップした際、「よろしくお願いいたします」のようにメールの勢いで文章が硬くなりすぎたことがありました。

自分のキャラクターや相手とどんな関係性を作りたいかにより、口調

④ 常に謙虚な姿勢を忘れない

SNSでは、日常の一部を切り取って見せ方を工夫して投稿するものだと思いますが、私はSNSは切り取るというよりも、自然に滲み出てしまうものだと考えています。

どんなに一部を切り取ったつもりでも、言葉の端々やふとした投稿内容から人間性が垣間見えるもので、それはたとえ隠そうとしても隠せません。

考えていることは無意識のうちに言葉に滲み出て、その言葉は画面を通して伝わっていきます。

そこで私が伝えたいのは、SNSにかかわらず、普段から謙虚な姿勢を忘れないで生活するということです。

上から目線になってしまったり、人を馬鹿にする気持ちがあったり、そのような態度でいるとSNSでもふとした時に伝わってしまいます。

なかなかそのような人はいないと思いますが、間違っても偉そうな態度を取ったりしないで、フォロワーさんとはフラットな友達感覚で接するのがいいでしょう。

私も、発信はしていても当然ながら知らないことがまだまだたくさんあり、フォロワーさんからアドバイスをいただいたり教えてもらうこともあってありがたいです。

世界観を作るときは自分を全面に出してもいいのですが、普段の生活やコミュニケーションに関しては謙虚な姿勢で、自分が自分がとならずに一歩引くくらいがちょうどいいのかなと思います。

　どのSNSに関しても、長い間継続していてベテランの域に達している方を見ていると、発信で求められるのは最終的には人間性だと感じます。

　私も自身の姿勢や態度を見つめ直すため、考え方に関する本を読んだり、手帳やノートを通して自分を客観的に見るようにしています。

　私は、戦略を考えるのが苦手です。頑張って戦略を考えてみようと思っても、逆に身動きが取れなくなりどうしたらいいかわからなくなってしまいます。

　戦略を立てて、SNSで大きくバズった経験もありません。

「私はSNSに向いていないんじゃないか」と思ったこともありますが、やっぱり発信は好きなので、戦略を考える代わりにシンプルに大事だと思うことを実践したり、丁寧にコミュニケーションを取ることを心がけてきました。

　そして10年近く経った今も楽しく発信できていて仕事にもなっているので、地味で大きくバズらない発信でもいいということを身をもって伝えられたら嬉しいです。

　フォロワーさんとの関係作りは、テクニックでどうにかなったりハックできるものではありません。リアルな一対一のコミュニケーションと同じです。

　いろいろと説明してきましたが、あまり難しく考えずシンプルに、「メッセージに丁寧に返信する」「ポジティブな気持ちを伝える」「謙虚でいる」など、普段のコミュニケーションで大事なことを同じように実践していけば大丈夫です。

chapter 5

分析して
改善点を
見つけよう

01 | 投稿を分析しよう

Instagramには、「インサイト」という公式の分析ツールがあります。
クリエイターアカウント（クリエイター向けのプロアカウント）へ切り替えていれば、インサイトを使用してアカウントの状態を確認したり分析できるようになります。

私はInstagramを始めた頃、毎日のようにインサイトを見ては分析し、どうしたらアカウントが伸びていくのか考えてノートに記録していました。
本Chapterでは、そのときの内容を振り返りながら、具体的な分析方法についてお伝えしたいと思います。

分析と聞くと少し面倒な感じがするかもしれませんが、SNSにおいて自分の投稿を見直して分析することは、避けて通れない大切なことです。
なぜ分析が必要なのか？　という理由と、見ておくべきポイントを紹介します。

インサイトを活用するメリット

インサイトを活用すれば、客観的な視点と多くのヒントが得られます。
分析といってもここでは難しい計算などは必要なく、むしろ大切に

なってくるのは観察力や想像力です。各投稿の違いと数字からわかるあらゆることを試して、またその結果を見て……と試行錯誤を繰り返していきます。

難しいのは、世界観の構築には客観性が必要だということです。
世界観と聞くと主観的な感じがするかもしれませんが、100％主観的に「自分がいいと思うもの」を投稿し続けても、伸びない可能性の方が高いです。

自分がいいと思うことと人がいいと思うことが重なるとは限らず、どういうものを人がいいと思うのかについては、分析して勉強していくしかありません。
SNSでは、「主観と客観のバランスを保てる人が伸びていく」というのが私の考えです。インサイトを使えば、この客観性を高められるというのがもっとも大きなメリットです。

SNSにおいて客観性とは、「フォロワーさんが期待していること」と言い換えられます。自分の好きなことや投稿したいことが、フォロワーさんの期待していることと重なるのが理想的です。
インサイトで分析していくと、フォロワーさんの期待やもっと知りたいこと、夢中になることのヒントが見つかります。今度はそのヒントをもとに、次の行動を考えるという流れになります。

ちなみに、私は好きなことを発信して仕事にしていると思われることがあるのですが、それは半分合っていて、半分違います。
インテリアを考えたり語学やデザインを勉強したり、もちろんこれらは今はとても大好きなことなのですが、最初からこれだ！　と決めていたわけではありません。

幅広くいくつかのジャンルで発信する中で、見ている人がより求めているところに自分自身の興味を寄せていき、試行錯誤する中で自分の好きなものと重なっていった、もしくは知識をつけたことでより好きになっていった、という言い方の方が近いでしょう。

自分のことだからこそわからないと感じた経験は私も多く、ノートや手帳に記録しながら客観的に見つめていって、そこでやっと気づけたことが今までたくさんありました。

何が言いたいかというと、**主観だけで考えないで客観的な視点を持ってみれば、新たな好きなことが見つかったり、自分のアカウント、ひいては自分のことを知るきっかけになる**ということです。

インサイトを通してアカウントや投稿を分析しながら、何を発信していくとよさそうなのか、どんな発信が自分に合っているのかを考えながら、いろいろな方法を試していきましょう。

インサイトで見るポイント

インサイトを見る目的は、客観的な視点を得ながらエンゲージメントを高めることです。
インサイトではさまざまな指標を確認できますが、中でもエンゲージメントに深く関わる次の5つを中心に見ていきましょう。

- いいね数
- コメント数
- 保存数
- リーチ数
- フォロワー増加数

アカウント全体のインサイト画面

投稿ごとの個別のインサイト画面

Chapter 5 分析して改善点を見つけよう

247

エンゲージメントが高いアカウントや投稿はフォロワーさん以外の人にもおすすめされやすくなるので、これらの数字を見て、それぞれどのようにして伸ばしていくかを考えます。

　Instagramのインサイト画面はときどき変更があって見方が変わるのですが、基本的には上記の指標をもとに投稿を並び替えられるようになっています。

　期間や指標での細かな絞り込みが可能で、例えば過去3ヵ月間の投稿をコメント数の多い順に並び替える、といったことができます。

　いいね数が多い投稿はコメントや保存の数も多かったり、ある程度連動してはいるのですが、**それぞれの指標で並び替えてみると思わぬ投稿が上位に来ることもあって面白い**です。

　なぜその指標で上位に来るのか、見る人の考えや気持ちを想像して、似たような投稿を作ってみたり、また違う投稿を作ってみたりと試していきます。

02 アカウントを始めて1年目の分析ノート

　実際に見ていただいた方が真似して実践しやすいと思うので、私がどのように分析していたのか、アカウントを始めて1年目にノートに書いていた内容を紹介したいと思います。

　始めて半年程度はまだ投稿テーマやコンセプトがはっきり定まっていなかった段階で、今のような暮らしや勉強系の他に、美容やお金のジャンルについても投稿していました。

　しかし、結果をもとに仮説を立てて分析を続ける中で、だんだんと方向性が定まっていきました。

　今は方向性がはっきりしていることもあってここまで詳しくメモを取ってはいないのですが、アカウントを始めて1〜2年目くらいの時期や方向性を見直したり投稿内容をもっと改善したいと思うときには、ぜひこの書き方を参考にしつつ分析を進めてみてください。

分析ノートの中身

暮らしインスタ分析［9月］

❶ リーチ数

- 上位3つは美容系、脱毛・ダイエット・やってよかったこと
- 6位はトレーニングウェア、7位はスキンケア、8位はダイエット
- お金系は最下位

❷ コメント数

- 1位デスク周り、2位ダイエット、3位ウェア
- かわいい・びっくり・共感・憧れがポイント

❸ フォロー数

- 仕事系、Notion、つみたてNISAが意外と多い

❹ 保存数

- 上位2つは美容（脱毛、ダイエット）
- 3位 投稿作成アプリ、4位 Notionの使い方
- 5、6位はお金、次いで英語の勉強
- スキンケア、アラサーで実感したことなどは1〜4保存

指標ごとに投稿を並び替え、各指標で上位の投稿やあまり伸びなかった投稿内容について、上記のようにメモしていました。そしてさらに、「上からわかること・仮説・目標」として、自分なりの考えを思いつく限り書いていきました。

　例えば、美容系の投稿のリーチ数が伸びているのは、そもそも美容に関心を持っている母数が多いからかなとか、私の体型の変化を表紙に載せたことで気になった人がタップしたからかなというように考えてみました。

　次に、コメントが多い投稿内容を改めて見てみて、コメントの内容も見ていくと、大まかに分類して「かわいい」「驚き」「共感」「憧れ」といった種類のコメントが多いことに気がつきました。
　ここから、コメントが多くなる投稿というのは、人がつい何か言いたくなる、書きたくなるような感動や共感がある内容なのだろうと予測できます。

　保存数に関しては、美容のまとめ系投稿、アプリの紹介、Notionの使い方、仕事効率アップ、初心者向けのお金の話、勉強、独自の考え方や真似したい体験談などが伸びやすい傾向にあることがわかりました。
　仕事系・Notion・アプリ系の投稿は、美容系の投稿ほどはリーチ数が伸びませんでしたが、これらの投稿を増やせば保存数が増え、エンゲージメントが高まったりフォローに繋がる可能性は十分あるのでまた投稿してみようと考えました。

　ただしこのとき、美容系の投稿は伸びたものの、他の投稿と比べてフォロワー数増加のきっかけになったかというとそうではありませんでした。それはおそらく、私のプロフィール文章にほとんど美容に関する内容が

Chapter 5　分析して改善点を見つけよう

書いていなかったこと、他に美容系の投稿が少なかったことが要因として考えられます。

　投稿を見て気になった人は、「どんなアカウントなんだろう？」とプロフィールへ飛んでフォローするかどうか考えると思いますが、気になった投稿と関連性が薄そうなアカウントやプロフィールなら、投稿の保存だけしてフォローはしなくていいやとなりそうですよね。
　もし私のアカウントがもっと美容に寄った内容だったら、投稿を見る→プロフィールを見て興味のありそうなアカウントだからフォローする、という流れになったはずです。

　このように、投稿→プロフィールの導線がきちんとできているかが重要です。
　ひとつひとつの投稿が伸びても、プロフィール画面やアカウント全体を見て「なんか違う」と判断されたら、フォロワー数は伸びません。

　美容系の投稿をしてアカウントを伸ばしていきたいなら、もっと美容をメインとしたアカウントにする必要があると思い、ここで迷いました。
　現時点でリーチ数は伸びていても、美容系の投稿を多くしていくと美容メインのアカウントになり、当初考えていたコンセプトとは結構ずれることになるからどうしよう……という感じです。

　この場合は、リーチ数が伸びた投稿に合わせて思い切ってコンセプトを変更するのか、リーチ数は伸びるけどコンセプトとずれるからやっぱりやめようとなるのか、どちらかのパターンになります。

　迷いましたが、分析結果をもとに「来月は『仕事と暮らしの工夫』を軸にして、アプリ・Notion・仕事効率化の投稿を多くし、お金やときど

き勉強も混ぜていこう」と次の方向性を決めました。

　ただ、美容も好きなので、当時は別に美容専門のアカウントを作ることも考えたり、いずれにしても美容はまた別で投稿することにしました。

　まずは前項目で紹介した主な指標で投稿を並べ替えて、多いものや少ないものの投稿内容やカテゴリを書き出してください。余裕があれば、他の指標についても確認して書き出すといいと思います。

　次に、書いた内容をもとに、上記のような仮説を立てていきます。
　よりわかりやすいよう他の仮説パターンもいくつか紹介してみます。

商品紹介投稿の保存数の違い

「ＡもＢも同じ商品紹介系の投稿なのに、保存数が違う」と気がついたとします。
　同じような投稿でもエンゲージメントが異なるときは、絶対に何かしらの違いがあるはずなので、細かく見ていきましょう。

　改めて見てみると、例えば、保存数の多いものは商品名とあわせて値段も書いていたりどこで買えるか載っていたり、写真がきれいで商品が見やすかったりといった違いがあるかもしれません。

　その人の投稿内容により異なるので一概には言えませんが、上記に当てはまらない場合も、間違い探しのように2つの投稿を見比べることで違いを発見できます。

見つけた違いが正解であるかどうかはわからないので、その仮説があっているかどうかもう一度、可能であれば何度か投稿して確かめると確実な答えに近づきます。

「動画も載せてわかりやすくしよう」「次は写真の撮り方を変えてみよう」といったように、一部分を変えて同じような投稿をしてみると違いがわかりやすいです。

　大変ですが、こうした試行錯誤で得たノウハウは今後運用を続ける中で大きな助けになるので、地道に試してみてください。

ルーティン系リール投稿の伸び方の違い

　これは私の実際の例なのですが、同じようなモーニングルーティンのリール投稿をアップしたところ、ひとつは伸びてもうひとつは全然伸びなかったことがありました。

「同じテーマで同じような内容なのに、なんでだろう？」と思い、これもまた間違い探しのように丁寧に確認していくと、やっぱり違いが見つかりました。

　伸びた方の投稿では、リール開始2秒くらいで私がデスク周りでTODOリストを書いている場面が映っていたのです。私はこれが要因ではないかと考えました。

　その理由のひとつは、これまでデスク周りや雰囲気が好きというコメントが多かったことです。デスク全体をリール序盤に映したことで、そのまま見続けてくれた可能性があります。

もう一方の動画では序盤でデスクは映っておらず、もっと後の方で登場しました。

　さらに、他の理由として、私が何か書いている様子が映っていたことが考えられます。

　人が映っていると、映っていない場合よりも注目度が高く、どんな人か気になったりこれから何をするのか気になって見続ける傾向があります。

　私の伸びた方の動画でも、顔出しはしていませんが手元や顔から下が映っていて、もう一方ではほとんど映っていないという違いが見つかりました。

　このことから、今後似たテーマで投稿するときは、デスク周りや人物を映すと伸びやすいことが予想できます。実際に何度か投稿を続けてみないことにはわかりませんが、**複数の投稿を見比べて違いを見つけることで、伸びる・伸びないといった予測が可能になります。**

　同じテーマで投稿することがあれば、ぜひ各投稿の伸び方の違いを見比べてみてください。

03 さまざまな投稿の分析をしてみよう

　インサイトを通して投稿を見て私が気がついたことについて、もう少しいくつかの具体例を挙げながら紹介したいと思います。

　分析は、シンプルに言えば「理由を見つけること」とも言い換えられます。数字や見比べた結果からわかったことについて、その理由を考えて予測して、予測が合っているかを試すという流れになります。
　今回紹介するのは私の投稿の例ではありますが、考え方はさまざまなジャンルに応用できると思うので、分析の参考にしてください。

文房具紹介はフィード or リールどっちがいい？

　私はときどきおすすめの文房具について投稿しているのですが、いつもフィード投稿（画像メイン）で紹介していました。
　しかしあるとき、「リールで文房具を紹介したらどういう結果になるんだろう？」と思って試したことがありました。
　いつもフィード投稿で紹介しているように、複数の文房具をリールで紹介してみたのです。

　すると、同じような内容にもかかわらず、フィード投稿に比べてあま

り投稿のいいね数は伸びませんでした。実際に書いているところを載せた方がわかりやすくて見られるかな？　と予想したのですが、その考えは外れてしまいました。

　ここで、なぜ伸びなかったのかいくつか理由を考えてみました。

- ■ リール投稿だと複数の商品名を確認するときに何度も見直す必要があり、見返しにくく保存に繋がらなかった
- ➡ 商品紹介のまとめ投稿なら、やっぱりフィードの方が向いてるかも

- ■ 商品数が多かったため、ひとつひとつの商品を紹介する時間が短くなり、商品の魅力が十分に伝わらなかった
- ➡ 複数ではなくひとつの商品について丁寧に紹介するならリールの方が合っているかもしれないと予想

- ■ タイトルの付け方がよくなかったかもしれない
- ➡ 「文房具」とタイトルを付けずに、特定の商品の名前をタイトルに入れたのでわかりにくかった or 幅広くリーチできなかった

　どれもあくまで予想なので、各要素を入れたり外したりしながら投稿を繰り返して確認するほかありませんが、ある程度可能性を絞り込むことはできます。

　自分の投稿以外でも、文房具のまとめ紹介で伸びている or 伸びていない投稿を見つけて、その理由を同じように探すのも勉強になります。

デスク周り投稿の伸び方の違い

　デスク周りを紹介する内容についてはこれまで何度も投稿しているのですが、これもまた伸び方がいろいろで面白いです。

　例えば、同じデスク周りでも、デスクの一部を映すよりもなるべくデスク全体やノートを広げているところや、デスクのメイン部分（机の上）の写真が多い方が投稿が伸びやすいと気がついたことがありました。

　私も他の人のデスク周りの写真を見るのが好きなのですが、デスク周りにキーボードなどのガジェット類があったりノートが広げられていたり、少しごちゃっとしているくらいの方が見応えがあって、結果的に長い時間見ることになります。

　いいね数やコメント数が伸びた私のデスク周りの投稿は、まさにこのちょっとごちゃっとした感じのデスク周り全体を映した写真を多めに載せていたので、それで投稿を見てもらえる時間が長くなって伸びたのかもしれないと考えました。

　私はブログも運営しているのですが、ブログのアクセス解析では「滞在時間」の項目があります。ブログにやってきたユーザーがどれくらい滞在したかの指標です。

　Instagramではリール投稿の再生時間はインサイトから確認することができるのですが、フィード投稿のインサイトでは滞在時間にあたる指標は現時点で確認することができません。
　それでも、滞在時間はブログでも各SNSでもユーザーがどれほど興

味を持ってくれているかの指標になるので、確認はできなくても、フィード投稿も滞在時間が長くなるようにと考えて、意識するようにしています。

今回はデスク周りを例に挙げましたが、どのジャンルでも、見たときについ指を止めてじっと見てしまうような投稿をイメージして作ることが大事です。

自分自身が夢中になって見た投稿を保存しておいて、後からなぜ夢中になって見たのかと考えてみるのもいい方法です。

共感系投稿からわかる役割

保存数はあまり増えないけど、いいね数、特にコメント数が伸びやすい投稿があります。

それは、共感やあるあるといった内容の投稿です。

コメント数順に投稿を並び替えたとき、この共感系の投稿が上位に来やすいことに気がつきました。フォロワーさんからのコメントの他に、初めて投稿を見てコメントしてくださった方も多く、他の投稿ではあまりない傾向で驚きました。

コメント数の多さやその内容から、こういった共感系の内容は人の心に深く届きやすく、自分の考えや人間性を知ってもらいつつ共感したり親近感を持ってもらえるきっかけになるのだと実感しました。

私は、各投稿にはそれぞれ違う役割があり、いいね数やリーチ数がとにかく伸びればいいわけではなく、各投稿の目的が果たせているかが重

要だと考えています。

　情報を参考にしてもらいたい投稿、フォロワーさんと距離が近くなる投稿、リーチ数を増やす投稿、想いを伝える投稿……いろいろな趣旨の投稿があります。

　目的によっては、エンゲージメントは下がることもあるでしょう。そんな中、エンゲージメントが高い投稿に寄せていこうと考えすぎると、投稿内容に偏りが出たりコンセプトからずれていってしまいます。

「この投稿を通して共感してもらえたり、心が軽くなる人がいたらいい」と思って投稿して、ひとつでも「共感した」「心が軽くなった」というコメントがもらえれば、それは全体的にはあまり伸びなかったとしても役割を果たせた投稿になります。

　幅広く多くの人に届く内容もあれば、共感・あるあるのように多くの人に届かなくてもひとりひとりの心に深く届く内容もあります。

　このように、分析しながら各投稿の役割や目的についても考えてみましょう。

260

04 | フォローからヒントを得る

　私は、フォローしてもらったらどんな方がフォローしてくれたのかなるべく見に行くようにしています。人数が多くなるとすべて見に行くのは難しいですが、フォローがきっかけで得られるヒントはたくさんあります。

　フォローしてもらって終わりではなく、**現時点でどんな人にフォローしてもらえているのか、どんな投稿が求められているのか、フォロワーさんの興味や趣味嗜好は何なのかを把握すれば、今後よりよい投稿作りができる**ようになります。

① フォローしてくれた人のプロフィールを見に行く

　フォローしてもらったら、その人のプロフィールを見に行くと、どんなことに興味があってフォローに繋がったかのヒントになります。

　私のケースでは、暮らし・仕事・勉強・手帳に関する興味を持っている方が多い傾向にあります。

　見に行っても鍵付きのアカウントで投稿がなく一見わかりにくいこともありますが、プロフィールに「勉強中」などと書かれていれば、「勉強中だから勉強法を参考にしたくてフォローしてくれたのかな」といった

ように、フォローまでの流れが予測できます。

　私のアカウントは、最初は主に大人や社会人向けに始めたものでしたが、最近は小学生や中学生の方からのフォローもあり、プロフィールやときどきいただくコメントから、多くの場合は私の勉強法や持ち物に興味を持ってフォローしてくださっているようです。
　SNSでは相手がどんな人なのか直接知ることはできませんが、こうして少しずつ情報を得ていくと、画面の向こう側にいる人をリアルに想像できるようになっていきます。

　ただ一方通行で投稿を続けているだけでは、画面の向こう側の人の生活や気持ちを想像することは難しいです。
　地道ですが、どんな人が自分に興味を持ってくれたか言葉の端々からでもヒントを得て、今後そのフォロワーさんが楽しく見てくれる投稿はどんな内容かな？　と考えるのが大切です。
　そうすれば、相手にしっかり届く投稿作りができるようになります。

　私は、手帳を主テーマとしたアカウントからのフォローが多いとわかったとき、意識して手帳の投稿を増やしていきました。それまではノートの中身紹介の投稿が多かったのですが、「書く」ということは共通しているため、手帳アカウントの方もフォローしてくれたのだと思います。

　普段のコミュニケーションでも、相手が好きなことに興味を持って進んで話を聞いたりすることで、距離が縮まったりするものですよね。そんな感覚に近い気がします。

　年代や趣味、好きなもの、性格、傾向、普段の暮らし方など何かしら情報が得られたら、そんな人が次に見たくなる投稿は何だろう？　喜ん

でもらえる投稿は何だろう？　と考えましょう。

② フォロワーさんの期待を知る

　もっと具体的にフォロワーさんの期待を知るため、インサイトの数値を見たり、DMやコメントからヒントを得る方法があります。

　各投稿のインサイトでは、その投稿がきっかけでどのくらいの人がフォローしてくれたのかを示す数値があります。

　この数値が高い投稿は、注目を集めただけでなく、また次も見てみたい、この人の他の投稿も見てみたいと強い期待を持ってもらえたことになります。

　私の投稿でいうと、ノートの中身に関する投稿はフォロワー増加数も多く、あわせてコメントも見ていると「字が好き」などと文字に関する言及が多く、文字について私に対して期待してくれている人が多いことがわかります。

　このように、フォロワー増加数か

投稿をきっかけに
フォローしてくれた人の数

263

ら、フォロワーさんの期待や自分の強みを推測することができます。

　DMやコメントでは、具体的な意見をもらえることがあります。
　私の最近のケースでは、「現在学生で、社会人になったらフリーランスで働きたいと思っているのですが、今やっておくべきことはありますか？」と複数人の方からご相談いただいたことがありました。

　私のフリーランスに関する発信は、今社会人で働き方を変えたい人に向けての内容が多かったのですが、学生さんからのこのような質問を受けて新たな視点を得ることができました。
　近いうち、「フリーランスになりたい学生が今のうちにやっておくといいこと」のような内容の投稿も作ろうと考えています。

　フォロワーさんの意見やリアクションを見ていると、自分だけでは見えていなかったポイントがわかってきます。たった一言でも、そこにヒントが隠れているかもしれません。

　こうした声を見逃さないようにして、どんな意見をもらったかメモしておくといいと思います。

05 | おすすめの見直しポイント

　改善点を見つけるとき、どこから見ていけばいいのかわからない方もいると思います。

　そこで、私がこれまでいろいろなコンテンツを見てきて思う「おすすめの見直しポイント」を紹介します。

　何から改善するべきか迷ったときは、本項目の内容を参考に改善点を探してみてください。

　InstagramはビジュアルメインのSNSなので、配色や写真の撮り方などデザインの見直しは効果的です。そのほか、時には根本的なテーマやコンセプトから考え直すことも必要です。

① 視認性と配色を見直す

　デザインについては、まずは視認性と配色から見ていくのがおすすめです。

　すぐに修正できて、見やすさや雰囲気ががらっと変わるからです。

　せっかく文字入れして説明を付け加えても、読みにくければもったいないことになってしまいます。

例えば、明るめの画像に白色で文字を入れて読みにくくなっていない
か、文字の大きさは適切か、小さすぎて読みにくくないか、文章量が多
くユーザーの負担になっていないか……視認性という視点から投稿を見
直してみましょう。

　どんな素敵なコンテンツも何かしらの理由で見づらいと感じると、ユー
ザーはすぐに次のコンテンツへと移ってしまいます。

　文字だけでなく画像も、例えば商品がよくわかるものとなっているか
どうか、暗すぎたり明るすぎて見づらくないかチェックしてください。

　色もデザインで大事な要素です。ぱっと見たときの印象を決めるので、
色の使い方については何度でも見直した方がいいでしょう。
　同じピンクでも、いろいろなピンクがありますよね。今選んでいるピ
ンクがどんな明度・彩度のピンクなのか、本当にそのピンクでいいのか、
というように丁寧に見ていきます。

　その時々で流行りのカラーや色味は変わるので、それに合わせて調整
してもいいと思います。
　色に関する本を読むだけでなく、ファッション雑誌を見るのも勉強に
なります。ファッションで流行っている色を見てみたり、特集記事の配
色などをじっくりと見てみましょう。

② デザインを変えてみる

　デザインは納得いくまで、どんどん変えてみることをおすすめします。
　視認性や配色の他にも、デザインの要素はいろいろなものがあります。

レイアウトやフォント、写真の撮り方など見直すべきポイントはいくつも出てくるでしょう。

私も自分の投稿のデザインに納得いかなくて、悩んで眠れなくて気づいたら朝になっていたことが何度もあるのですが、それくらい考えることに時間を使ってよかったと思っています。

これはデザインに限らない話なのですが、私が今も心がけているのは、**できるだけ毎回新しいことを取り入れる視点**です。

同じ作業をずっと続けるのではなく、毎回の投稿作りでなるべく新しい要素を入れたり何かしら変えるように意識してきました。

文字の入れ方、写真の撮り方、レイアウト、投稿内容など、どんな要素でもいいので前回とは何かを変える、新しいことにチャレンジする精神で取り組むようにしています。

何か変えることで新しい発見があったり、伸びる投稿と伸びない投稿の傾向がわかったり、フォロワーさんに新鮮だと思ってもらえたり、この方法にはさまざまなメリットがあります。

何より、毎回何かを変えていけばそれだけ知識がストックされ、よりいいデザイン作りに繋がります。新しい色を使ってみたり、いつもと違う時間帯に写真を撮ってみたり、本当に何でもいいのでぜひ試してみてください。

③ 差別化できているか考える

「同じようなジャンルの他の人の投稿ではなく、あなたの投稿を見るべき理由は何ですか?」と聞かれたら、すぐに答えられるでしょうか。答

えられる方は、ここは読まなくても大丈夫です。

　もし答えに詰まったら、一旦立ち止まって考えてみましょう。

「リアルな実体験をもとに参考になる情報を伝えられる」「他にはないデザインと雰囲気でかわいい世界観を作っている」「写真がきれいで見ていて楽しい」など、差別化のポイントは人それぞれです。

　もしかしたら、すでに差別化できているけどそれを自覚していない方もいるかもしれません。その場合は、フォロワーさんからいただいたコメントやDMの内容をもとに自分のアカウントを客観的に見てみたり、家族や友達に見せて意見をもらいましょう。

　フォロワーさんに「今後の方向性を見直したいから、私のアカウントをフォローした理由を教えてください」とストーリーズのアンケートスタンプを使って聞いてみるのもいい方法です。

　アカウントについて客観的な視点が得られて、いいところやフォローした理由がわかれば、そこが差別化のヒントになります。ちょっとでも褒めてもらったところをさらに磨けば、それはあなたの強みとなって他のアカウントにはない魅力になります。

「差別化できるポイントがまったくわからない」「方向性に迷っている」という方は、一度土台となるテーマとコンセプトから見直してみましょう。表面的な差別化を図るよりも、立ち返ってテーマとコンセプトをはっきりさせる方がいいです。それだけで差別化に繋がる可能性が高いからです。

　デザインや写真の撮り方も大きな差別化ポイントにはなりますが、それはやはり土台あってこそのものです。

「他の人と違うところ」を探そうとすると考えづらくなる可能性があるので、**まずは自分がどんな人間か掘り下げて、とにかく「自分」に注目するといい**と思います。

- 子どもの頃に好きだったこと、苦手だったこと
- 大切にしている考え方
- 趣味や特技、褒められた経験（たった一言でも！）
- 性格や傾向、気質
- 今の悩み、挫折した経験

　他にも何でもいいので、自分について思いついたことをどんどん書いていきましょう。

　デジタルではなく、紙とペンを使ってアナログで書き出すと自由な考えが出てきやすくなります。

　身近な人に、自分がどういう人だと思うか聞いてみるのもいいと思います。

　私のケースでは、友人から「粘り強さがあるよね」と、たった一言さらっとですが言われたことがあります。このときの何気ない一言が心に残っていて、「粘り強さを大切にして何か頑張っているところを発信することで、誰かのモチベーションになれたらいいな」という気持ちを今も持っています。

　たったひとり、たった一言だとしても、誰かが自分について嬉しいことを言ってくれたら、それは大切にしてください。

　自分では当たり前、大したことないことだと思っても、人から見たらすごいことがあったりするので、それをちゃんとキャッチして見逃さず

に自分の強みにできるかが大事です。

　このように自己分析していくと、それだけで「自分らしさ」が見えてきて、投稿作りの際にもじわじわと滲み出てくるはずです。テーマやコンセプトは意識的に他の人との違いを見つけるというよりは、自分とひたすら向き合って「自分らしさを強める」イメージです。

　土台がしっかりしたら、改めて投稿内容やデザインもひとつひとつ見直していきます。そうやって続けているうちに、必ずフォロワーさんからリアクションがもらえます。感想や意見をもらえるようになったら、それをヒントにさらにアカウントの見直しをしていきましょう。

06 | もっと伸ばすためのコツ①

　分析・改善するときに、私が意識し続けてきたコツをいくつか紹介していきます。アカウントが伸びなくなったり、なんだか手応えがないな……と感じた時のヒントにしてください。

① 試行錯誤しているつもりにならない

　SNSで伸び悩むパターンのひとつが、「自分は頑張っているのに、どうして伸びないんだろう」と考えてしまうパターンです。
「頑張っているのに」という部分が難しいところなのですが、このように考えてしまうときは、客観的に見られていないことが多いです。

　InstagramのDMで、「どうしたらフォロワー数が伸びますか？」「頑張っているのに全然伸びません」と相談をいただくことがときどきあるのですが、そのようなときにアカウントを見に行くと共通していることがあります。
　それは、**変化が見られない**ということです。頑張っているということは試行錯誤しているはずなのですが、投稿内容やデザインなど目に見える変化がないため、どのように頑張っているのかがわからない状態です。

　正直にお伝えすると、少し厳しい言い方になってしまうかもしれませ

んが、例えば投稿をたくさん作るとか自分なりにいいと思ったことを続けるとかでは、結果がついてこないことが多いです。

努力はたしかに大切ですが、量を重ねることだけが努力ではありません。

量にだけ注力せずに、質を上げる努力を少しずつでもいいので積み重ねて、うまくいくまでいろいろな要素を変えて試していきましょう。

「質を上げる努力ってどうすればいいの？」と思った方へ、具体的なおすすめの方法は、**他の人のコンテンツをよく見る**ことです。これが発信においての最適な勉強方法だと私は考えています。

何がよくて何が伸びないのか、いろいろなコンテンツを見て目を養っていかないと、よいものや伸びるものを作ることはできません。

他の人のコンテンツをよく見ながら、うまくいっている投稿やアカウントがあれば、それはなぜ伸びているのか？　反対に伸びていないアカウントはなぜ伸びていないのか？　こうした理由を自分なりに探していけば、うまくいく要素・うまくいかない要素が見えてきます。

私も実際にこうして、他の人のコンテンツを見て勉強してきました。私が見てきた範囲の話ですが、おそらく、伸びている人は例外なくこうしたことを行っているはずです。

私はYouTubeでVlogを投稿しているのですが、Vlogも同じような感じでいろいろな人の動画を見て研究しています。「このシーンの切り取り方素敵だな」「間接照明を使えば夜も雰囲気のいい感じに撮れるんだな」など、ひとつの動画だけでも勉強になるポイントがたくさん出てきます。

投稿のインサイトを見ながら分析するとき、間違い探しのようにじっくり見てみてとお伝えしましたが、他の人のコンテンツを見るときも同

じような感じです。

なんとなく見ているだけでは見つからない違いがあるので、丁寧にできるだけ多くのコンテンツを見ていき、自分なりの考えをノートに書いておくといいでしょう。
　私も、Instagram でも YouTube でも気になったアカウントやチャンネルについてはノートに書き留めて、よいところやもっとこうするとよさそうなど自由に書き留めています。

　最初から備わっていたセンスだけで伸びる人は、ごく稀だと思います。まずはやりたいことを好きなように表現してみてもいいのですが、うまくできなかったりなかなか伸びないときには、積極的に他の人のコンテンツを見て研究してください。

② 投稿内容についてとことん勉強する

　選んだ投稿テーマについては、誰よりも詳しくなるつもりで勉強しましょう。
　アカウントを始めた頃はまだ方向性が定まっていなかったり、友達や周りの人よりもちょっと好きなこと、少し詳しい程度でも全然問題ないのですが、継続するにつれて知識や経験を増やしていくようにします。
　例えば、勉強について発信するならもっといい勉強方法がないか本を読んだり調べて実践したり、美容なら体の構造や美容成分について詳しくなることで、より厚みのある情報を届けることができます。

　SNSでも普段の生活でも私が大切にしているのが、説得力です。
　例えば、おすすめのコスメを友達に教えてもらうときに、「とにかくい

Chapter 5

分析して改善点を見つけよう

273

いよ！」と言われるよりも、「○○の成分が入っていて、この成分は毛穴やくすみの改善に効果的なんだよ。実際に使ってみたけど、夜に使うと次の朝トーンアップしてるように感じたの」と言われた方が買いたくなるような気がしませんか？

後者の方が意見に説得力があり、なぜ買うべきなのかがしっかりと伝わってきますよね。

知識や経験は説得力となり、説得力は人の心を動かします。SNSでもリアルなコミュニケーションでも、説得力がある人は芯がある感じがして、話していて面白いです。

自分の発信しているテーマについてフォロワーさんや身近な人から何か質問されたとき、答えられないことがあればその都度調べたり、勉強するようにします。

そうすれば次に聞かれたときに困らないですし、新しい投稿アイデアを思いつくかもしれません。

勉強する方法についてはネットで調べるのもいいのですが、断片的な知識になってしまいがちなので、やはり読書がおすすめです。大きな本屋さんに行ったり、オンライン書店で関連するキーワードで検索して、より深い知識が得られる本がないか探してみましょう。

③ 発信の方向性を模索する

発信では世界観が大切ですが、世界観の要素のひとつとしてセルフブランディングがあります。コンセプトやデザインについてはすでにたくさん

お伝えしてきたので、最後にセルフブランディングの考え方を紹介します。

　セルフブランディングとは、自分をブランド化したりプロモーションを行うことを指しますが、つまりは自分をどう見せたいか、どう見られたいかを考えることです。

SNSで世界観を作る要素
- コンセプト
- デザイン
- 人物像/人間性

　あなたは、SNSを通じてどんな人だと思われたいですか？　もしくは、どんな人になりたいですか？　これを考えると、発信で目指すあなたの人物像が見えてくるので、方向性をはっきりさせることができます。

　自分がどう見られたいか、理想像を書き出してみましょう。
　私の場合は以下のような自分になれたらいいなといつも思っています。

目指す理想像
- 好きな働き方で楽しく仕事をしている
- 日々コツコツ勉強を頑張っている
- 語学が堪能で数ヵ国語を話せる
- 趣味など好きなことを楽しんでいる
- 話してると元気になる、励まされる
- かわいさもかっこよさもある女性 など

「こんな風だったらいいなあ」と思う理想像をどんどん書き出していき、それに自分を近づけていくイメージです。

他にも、誰かに褒められた経験があれば、それも要素のひとつとして加えるといいです。

例えば、「声が素敵だね」と褒められたことがあれば、Instagramのリールでアフレコを入れたり、YouTubeでお話しするとより魅力的に映る可能性が高いです。

専門性の部分と同じで、最初から完成している必要はなく、なりたい自分や見せたい自分になるためにどうするかと考えて、そのための努力を重ねます。
かわいく見られたいならかわいいファッションや髪型を研究したり、かわいい言葉遣いにしたり、そうやって理想の自分に近づいていきます。

SNSで見せるためだけに自分を無理やり変えるのは辛く苦しくなってしまうのでおすすめしませんが、あくまで心から思う理想像に合わせて自分を変えていったり勉強するのは、とても楽しく前向きな行動で素敵だと思います。

発信の方向性や世界観に迷ったら、コンセプトやデザインを考え直すとともに、客観的に見た自身の人物像についてもぜひ考えてみてください。

07 | もっと伸ばすためのコツ②

　SNSを改善しながら伸ばすためには、アルゴリズムの理解やいいコンテンツ作りも大切ですが、続けるためのモチベーションの保ち方も重要です。

　心が折れそうな時やしっくりこない時の考え方や心の持ち直し方について、私が大切にしている考え方もあわせて紹介したいと思います。

① 海外も視野に入れて発信する

　非言語でも伝えられる内容、例えばインテリアやイラスト、料理などのコンテンツは、海外に届ける工夫もしてみると面白いと思います。日本だけでなく海外も視野に入れれば一気に対象となる人口が増え、より多くの人に見られる可能性が高まります。

　私の例では、韓国語の勉強ノートの中身を載せるとき、韓国語のハッシュタグも付けてみたら、韓国人の方からコメントをいただいたりフォローされたりといったことがありました。

　他にも、主に語学勉強系の投稿を通じて、英語や韓国語でDMでやりとりすることもあります。

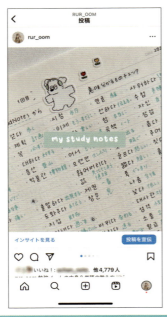 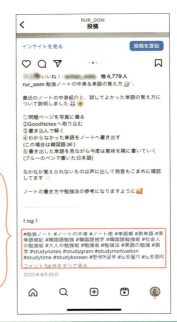

韓国語勉強ノートの中身の投稿画像　　韓国語のハッシュタグを付けたところ、韓国の方からも多数コメントをいただいた

　海外にも届けたい場合は、まずは一番身近な英語を使うのがいいと思います。
　英語で関連するハッシュタグを付けるほか、キャプションの説明に英語を入れるのもいい方法です。
　他言語に抵抗がある人は多いかもしれませんが、せっかく海外にも届くかもしれないコンテンツなら勉強も兼ねてぜひチャレンジしてみましょう。

　また、英語や他の言語のハッシュタグで検索すると、日本では見ないような内容やデザインの投稿も多くあり、投稿作りの参考になります。実際、私も海外の方のアカウントを見て参考にすることがあります。

日本にいるからといって日本だけに限定せずに、世界に視野を広げて発信することもぜひ考えてください。

② すぐに次に目を向ける

　一生懸命作った投稿があまり伸びないと、落ち込んだり、「なんでだろう……」と悩むこともあるかもしれません。

　私もありますが、そんなときも落ち込まないコツは、すぐに次に目を向けることです。
　伸びなかった理由を考えて、改善点が見つかれば次に取り入れることを考えて、考え終わったら気にせずにどんどん次へ進みます。
　こうして頭を切り替える練習をしていくと、だんだん慣れてきて、すぐに次に目を向けられるようになっていきます。

　また、改善点を考えるにしても、**考え過ぎないことも重要**です。
　私は以前、フォロワー数の伸びがピタッと止まった時期がありました。
　こんなとき、「私の投稿がどこかよくないのかな」と考えることもできますが、アルゴリズムの変化など外部的な要因があってたまたま伸びなかったと考えることもできます。
　私も当時は気になりはしたものの、深く考えたり悩み過ぎずに「たまたまかもしれないし、しばらく様子を見てみよう」と開き直って普段通り投稿を続けていたら、いつのまにかそういった現象はなくなって以前のように戻りました。

　投稿の改善点を探したり公式から何か情報が出ていないか調べたりし

て、特に何も思い当たる点がなければ、楽観視するのもひとつの手だと思います。**全部自分のせいだと考えると辛くなって思い詰めてしまうので、何か他に要因があったのかなと気楽に考えて、次、次と目を向けるのが考え方のコツ**です。

　長い間よくない状況が続くようなら何かしら原因があるかもしれないので、そのときはまた調べたり誰かに相談して解決策を見つけましょう。

③　わくわくしているか考える

　これまでいろいろなアカウントを見てきてわかったのは、順調に伸びていく人や応援される人の特徴がひとつあるとすれば、本人がわくわくしていて楽しそうということです。
「本当にこれが好きなんだな」と伝わる投稿は見ていても楽しいですし、自然と惹きつけられます。

　もし今投稿を続けていてわくわくしない、楽しくないなら、テーマやコンセプトの見直しが必要です。楽しくないと続けることは難しく、人気があるから、稼げると言われているからと選んだテーマは長続きしません。
　美容を楽しんでいる、旅行を楽しんでいる、インテリアを楽しんでいるなど、その人の好きとか楽しいという気持ちが伝わってくるような投稿は魅力的で、その熱は見ている人にも伝わり、多くの人を巻き込んでいくものになります。

　なんだかしっくりこないなと思うときは、もう一度自分と向き合ってみて、自分にとってもっともわくわくするテーマを選んでいるか考えてみましょう。

08 | 発信で大切な7つのスキル

　Chapter 5の締めくくりとして、発信を続けていく上で欠かせない7つのスキルを紹介します。

　この7つのスキルをバランスよく伸ばしていける人は、Instagramでも他のSNSでも、長く楽しく発信を続けていけるはずです。

　得意だと思う部分は強化して、逆に足りていない部分があればこの機会に意識して取り組んでください。

❶ 好奇心

　何でも面白がったり興味を持てる方は、発信に向いていると言えます。

　一見関係ないように見える知識や内容を繋げて考えたり、新しい発見を楽しめたり、何かを積極的にやってみようと行動する方は、自然と伝えたいことも増えて投稿アイデアがどんどん思いつきます。

　普段から興味を持っているテーマについてはもちろん、それ以外のことにも興味を持ったり、「なんで？」と疑問を持ってみたり、新しいことに関わっていく姿勢を忘れないようにしましょう。

❷ 柔軟性

「損切り」ができる方も、発信に向いています。分析や研究をしているうちに、今の自分のやり方ではダメだと気づくときがあります。そういうときに、「今までやってきたことだから」とずるずる続けるのではなく、きっぱりやめて柔軟性を持ってやり方を変えられるかどうか。難しいこ

とですが、思い切ってやめる勇気も時には必要なので、柔軟性を大事にして取り組んでいきましょう。

❸ 継続力

これは言うまでもなくという感じかもしれませんが、SNSは長い目で見て取り組んでいくものです。一旦休んでしまうことがあってもあきらめずに再開して、細く長く続けるのがコツです。スキマ時間を使うなど、自分の生活の中で投稿を作る時間を捻出できるように工夫してみてください。

参考までに、私のスキマ時間の活用法をお伝えします。5分でもできることはたくさんあるので、時間を見つけてやっていきましょう（P.141お悩みQ&Aも参照）。

スキマ時間の使い方

- 電車やバスに乗っているときに画像を加工したり、リサイズしておく
- メモアプリに次に作る投稿の構成や内容、タイトルを考えて書いておく
- 思いついた投稿アイデアを書いておく（私の場合はお風呂に入っているときやドライヤーで髪を乾かしているときに思いつくことが多いので、必ずスマホをそばに置いてすぐにメモしています）
- Kindleで本を読んでアイデアを得る
- 雑誌読み放題サービスに入って広く目を通す

---

❹ 試行錯誤力

伸ばすためのコツで紹介したように、試行錯誤は量を重ねることだけでなく、質を高めることも含みます。必ず定期的に他の人のコンテンツを見て勉強して、いろいろな方法を試して振り返りをしてください。

街中の広告を見たとき、いいと思う広告はなぜいいと思ったのか、微

妙だと思ったらなぜ微妙なのか、日々考える習慣をつけていくなど日常生活の中でできることもたくさんあります。

普段からアンテナを張っておくようにしましょう。

❺ 楽しむ力

投稿作りを行うときは、好きな飲み物とおやつを用意したり好きな音楽を聴いたり、お気に入りのカフェに行ったり、楽しいことを結びつけるようにすると投稿作り＝楽しいものとして習慣化しやすくなります。

写真を撮ったりデザインを考えたりするのも、上達していくのが楽しいと思えるなど、何かしら楽しい要素を見出せる人は長続きして結果もついてくるように思います。

❻ こだわらない力

SNSでは、こだわりを捨てた方がいいときもあります。「神は細部に宿る」という言葉の通り、細かなところにこだわったり工夫するのは大切です。しかし、だからといって時間がかかりすぎたりこだわることに疲れてしまったら、続かなくなってしまいます。

こだわりすぎずに適度に力を抜くことも、ぜひ覚えておいてください。

❼ 情報収集力

調べる力がある人とない人とでは、コンテンツの質に大きな差が出てきます。キーワードを何度も変えながらGoogleで検索したり、SNSを活用したり、知りたい情報を上手に探して吸収できる人はとても強いです。

どうしてもわからないことや専門的なことは詳しい人に聞く方が早いですが、基本的にはまず自分で調べてみる癖をつけましょう。

ちなみに私は、下記のように情報収集しています。

この他、個人ブログやYouTube、Lemon8などさまざまな媒体を活用

しています。

> 情報収集先
> - Google検索：幅広く情報を得たいとき、最新の情報を知りたいとき
> - Instagram：流行を知りたいとき、参考になる投稿を探すとき
> - X：リアルな口コミを知りたいとき、最新のニュースを知りたいとき
> - 書籍：特定のテーマについて体系的かつ深い情報を知りたいとき

　1〜2箇所だと情報が偏る可能性があるので、できるだけ多方面から情報収集するのがおすすめの方法です。

　分析や改善は大変かもしれませんが、主観と客観のバランスを高めるため必須なので、集中して時間を作ってしっかりと取り組んでください。
　また、しばらく投稿を続けたら、半年前や1年前の投稿を見返してみると、成長しているのがわかってモチベーションが上がると思います。Instagramでは「1年前の今日の投稿」のようにときどきピックアップしてお知らせしてくれることがあるのですが、それを見ると今との違いがわかり、頑張ってよかったなと思えます。
　こんな風にちょっとの成長や過程を楽しんだり、自分を褒めたりするのもコツのひとつです。

　アカウントを長期的に伸ばすためには、テクニックや投稿作りの工夫だけでなく、メンタル面も非常に重要です。そのため、本Chapterでも考え方やモチベーションについてお伝えしてきました。
　うまくいかないときは読み返していただいて、少しでも楽しく続けられるお手伝いができれば幸いです。

chapter 6

仕事を始めよう

01 発信を仕事にして収入を得るには

　ここからは、Instagramをきっかけに仕事を始める方法についてお伝えしていきます。

　Chapter 1でお伝えしたように、**発信を始めようと思った段階から仕事のことを想像しておく**と、発信の方向性も決まって目的意識を持って進めることができます。

　本Chapterも、これから発信を始める段階だとしても一通り読んでおいて、具体的に想像できるようにしておくといいと思います。実際に仕事を始めるとなったときに再度見直してみてください。

　はじめに、仕事を獲得するまでの期間や考え方、注意点について説明します。

収入を得るまでには長い時間がかかる

　まずは、心構えについてです。SNS発信を通じて収入を得たいと思ったら、とにかく焦らないことが一番です。

　SNSで急に伸びていく人もいて、そういった人たちを見ているとなか

なかうまくいかない自分と比べてしまったり、「早く稼げるようにならなきゃ」と焦りの気持ちが出てくることがあります。

そういうとき、焦る気持ちを抑えて、お金のことは後回しとして考えてSNS発信を楽しめるかどうかが重要です。

発信を始めてすぐにお金が得られるということは、ほとんどありません。テーマやコンセプトがしっかり固まり、投稿が多くの人に見られるようになってきたタイミングで仕事に繋がります。

最低でも、半年〜1年くらいかかると見て取り組んだ方がいいでしょう。

私がInstagramを始めたときも、「1年後に収入に繋がるようにしよう」と思っていて、実際にその通りになりました。

ただ、生活するのに十分な金額を稼げるようになるまでは、1年以上かかっています。

マネタイズの方法を模索するのはいいことですが、人と比べたり焦ったりしないというのは大事な心構えとしてぜひ覚えておいてください。

徐々にSNSの横展開を進めよう

SNSでは、作ったコンテンツをもとに横展開することが可能です。

Instagramのために作った画像などの素材を、他のSNSにもアップロードすることで発信の場を増やすことができるということです。

複数の媒体で発信することでより多くの人に活動を知ってもらえるだけでなく、仕事に繋がるチャンスも増えるので、余裕が出てきたらぜひ

チャレンジしてください。

　私が今取り組んでいるSNSは、Instagram、YouTube、TikTok、X、Lemon8、Threads、Pinterest、LINE VOOMなどいくつもあるのですが、すべてに違う内容を投稿しているわけではありません。
　Instagramのフィード投稿で作った画像は、XやLemon8、Threads、Pinterestでも投稿していますし、リール投稿の場合は同じものをTikTokやLemon8で投稿しています。

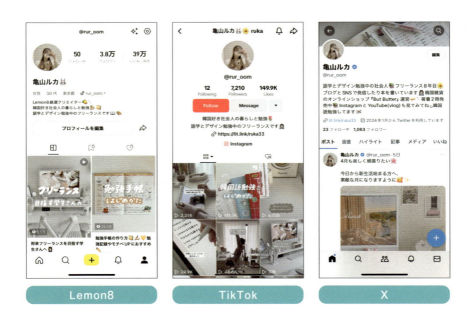

　Instagramを日常的に見る人もいれば、Instagramはときどき開くくらいで普段はXを使っている人もいるかもしれません。後者のような人に幅広くアプローチするため、さまざまなSNSで投稿していきます。

　各SNSにまったく違う内容を載せるためにコンテンツを作っていると

時間が足りなくなってしまうのと、よく見るSNSは人によって違うので、同じコンテンツだとしても複数のSNSに載せた方がいいと思っています。

　作った画像は各SNSで投稿しやすいように、すぐに探せる場所にわかりやすくまとめて保存しておきましょう。
　私もiPhoneの写真アプリのフォルダ機能を使って、過去に投稿した画像を探しやすくしています。

iPhoneの写真フォルダの
＋マークからフォルダを作る。
「暮らし垢」や「But Butter」の
フォルダの中には
複数のアルバムを
作成している

ショートムービーと
カバー画像だけまとめた
フォルダも作っておくと、
TikTokやLINE VOOMで
投稿するときに探しやすくなる

他のSNSやブログはInstagramと同じテーマにする

　他のSNSを始めるときにひとつ注意してほしいことは、すべてのSNSやブログは同じテーマで運営した方がいいということです。

　たまに、Instagramでは美容のことを発信しているのに他のSNSやブログではまた違うテーマを扱って、媒体ごとに発信内容がバラバラになっているケースがあります。

　これではとてももったいなく、②でお話しした横展開も難しくなるので、発信のテーマはどのSNSでもブログでも同じにしましょう。

　例えば、私のケースでは、「社会人の暮らしと勉強」というテーマはどのSNS・ブログでも共通しています。

　ブログは、過去には美容のことなども投稿していましたが、今は暮らしと勉強のテーマに合うような記事に絞って書くようにしています。

　主テーマから外れる内容を書きたいと思ったときは、「note」というメディアプラットフォームにエッセイのような感じで書いています。

　すべてのテーマを共通にしないと、Instagramのアカウントは興味のあるテーマだったのでフォローしたけどXやブログでは違う内容を扱っているからあまり見に行かない、という人も出てきてしまうので、**他のSNSやブログで発信する場合はテーマを揃えるようにしましょう。**

　少し話は逸れますが、YouTubeの広告の文言で「好きなことで、生きていく」という言葉を耳にしたことがある人は多いと思います。この言葉には少し注意が必要だと思っています。

　なぜなら、「好きなこと（だけ）で生きていく」と考える人もいるかもしれないからです。

実際には、「好きなこと（もやりながら他のやりたくないことや地道な努力も積み重ねること）で生きていく」だと私は考えています。

　好きなことがあるのはもちろん素敵なことですが、**好きなことだけに限定して夢中になるのではなく、他のやりたくないことや面倒なことも切り捨てず、時にはひたすら粘り強く取り組むことで仕事に繋がっていきます**。少なくとも、私の場合はそうでした。

　発信で収入を得るのは、思った以上に大変です。

　何気なく撮影しているように見える画像や動画も、実は何十枚も撮影したうちの1枚だったり、それもかなり厳選して選んだり加工を調整したり、統一感やフォロワーさんが興味を持ってくれて喜ぶ内容を考えたり……書ききれないほど大変なことがたくさんあります。

　すでに発信を行っている方は、きっと共感してくださると思います。

　楽なことは何ひとつありませんが、楽しいことはたくさんあると思うので、その楽しさを大切に粘り強く続けていく、といった感覚でいます。

　そんな意識を持ちながら、仕事や収入を得ることについて真剣に向き合っていきましょう。

Chapter 6

仕事を始めよう

02 | PR案件を引き受けるときの考え方

　Instagramで発信を続けていると、DMで仕事の依頼のメッセージが送られてくることがあります。アフィリエイト案件もあれば、固定報酬（投稿に対して報酬が支払われる）の案件もありますが、どの案件を受けてどの案件を受けないかの判断が大切です。

　大まかな目安ですが、フォロワー数1,000〜5,000人を超えてくると依頼のメッセージが多くなってくると思います。ただ、すべての依頼を引き受けていると投稿がPRばかりになり、投稿作りも大変になってくるため、自分の中で基準を決めておくようにしましょう。

　どのような基準で引き受けるかの正解はないので、今回紹介するのはあくまでも私の考え方ですが、迷ったらひとつの参考にしてください。

① 何よりも世界観を優先する

　仕事を引き受けるときにまず一番先に考えるべきは、アカウントのテーマに合っているか、世界観が崩れないかということです。

　一般的に、PR案件ではスキンケアやコスメ、サプリなどの美容系の案

件が多い印象ですが、このような案件が多いからといって私のアカウントでたびたび紹介すると違和感があります。

　全体的には「暮らし」をテーマにしているとはいっても、仕事や勉強、デスク周り、文房具、ガジェット、手帳といった内容が多いため、そこに美容関連の商品が入ってくるとテーマから逸れてしまうからです。

　例外として、本当に使ってよかったものやこれだけはおすすめしたい！　と思ったとき、美容の中でも健康寄り（デスクワークで肩こりや目の疲れが酷かったりするので）のものでいいと思った商品やサービスの場合は、紹介することがあります。

できるだけアカウントのテーマに近い、仕事や勉強に関するもの、普段投稿している内容に関連するものを紹介して、世界観が崩れないようにしています。

　一見、商品を紹介してお金をもらえると考えると楽な仕事だと感じる方もいるかもしれませんが、実際には考えることも勉強することも無限にあり本当に大変です。

　フォロワーさんやクライアントのことを考えて常に多角的に見ながら、アカウントの成長も止めずに継続していく必要があります。

テーマと違うものを頻繁に扱ったり世界観を大切にしないと、そのときは収入を得られたとしても、アカウント自体の成長は徐々に止まってしまいます。

　今後もずっと仕事を受け続けるためには、アカウントの伸びは維持していかなければなりません。

　SNS発信は少し不思議というか逆説的なところがあり、お金を稼ぎ続けるために、お金を得ることを時にはあきらめる必要があります。私も

Chapter 6

仕事を始めよう

293

依頼の8〜9割はお断りさせていただいて、世界観に本当に合う、フォロワーさんにも喜んでもらえると感じた依頼を中心に引き受けるようにしています。

仕事を依頼してもらえたら嬉しくて、ついどれも引き受けたくなってしまうかもしれませんが、アカウントの世界観やテーマに沿って考えて、お金を優先していないか立ち止まって考えてみましょう。

---

② クライアントとフォロワーさん 両方が喜んでくれる場合のみ引き受ける

案件を引き受けるとき、企業によってさまざまな条件や投稿作りの際のルールがあります。

まずは、その条件に合った投稿ができそうか慎重に確認しましょう。

そして、紹介することによってフォロワーさんも喜んでくれそうか想像してみてください。

「そんな商品あるの知らなかった！」「このサービス使ってみたい」といったように、PR投稿を見たフォロワーさんが「見てよかった」と思ってくれたら理想的です。

私の投稿テーマなら、かわいい文房具やガジェットを紹介したり、勉強や資格、スキルアップに関する商品・サービスのPRは、フォロワーさんにも喜んでいただけそうな気がします。

このとき、5-04「フォローからヒントを得る」でお伝えしたように、どんな人がフォローしてくれているか把握しておけば、おすすめしたい商品やサービスも自然と見えてきます。

韓国語を勉強している人が多いなら、韓国語関連の商品・サービス紹

介はきっと参考になるはずというように、フォロワーさんの興味や属性からPR内容を決めるといいでしょう。

クライアントとフォロワーさん、両方を総合的に見て、そのPR案件を引き受けるべきか、毎回真剣に考えるようにします。

③ 実際に体験したものを中心に紹介する

SNSは、商品を購入する前に個人の口コミを参考にできるのがメリットです。

私もよく、化粧品やインテリア雑貨など、購入前にはさまざまなSNSで口コミをチェックします。Google検索でも情報は得られますが、SNSではひとりひとりのリアルな意見が見られるので、買い物の際にとても参考になります。

PRなどの仕事でも、実際に体験したものだけ紹介するのがいいと思います。

リアルな意見を求めているのに、実際に使っていない商品やサービスの紹介が多いと、情報の信頼度が下がってしまいますよね。

そのため、私も実際に使ってみた商品を紹介するようにしていて、フォロワーさんにリアルな意見を届けられるようにといつも考えています。

ただし、サービス系でよくある例として、比較的値段が高めで時間もかかるコース制のサービスがあります。

Webデザインやプログラミングを学ぶコースを提供しているサービスなどがイメージしやすいと思いますが、このような体験型サービスの

場合、すべてを体験してからフォロワーさんに紹介するのは難しいことがあります。

　そんなときは、こんなサービスがあるよという意味で紹介するのもいいでしょう。
　または、コースの一部を体験したり、正確な情報をフォロワーさんへ伝えるため、企業の方に概要を詳しく聞いたりしてから紹介する方法もあります。

　決して体験したものしかPRしてはいけないというわけではなく、「自分には当てはまらないけどフォロワーさんにとっては有益かも」と思ったことはお知らせのような感じで紹介したり、商材や内容によって決めればいいと思います。

　ただ、基本的にはフォロワーさんはリアルな意見を知りたいものなので、できるだけ自分の目で見て体験したものを紹介すると参考にしてもらいやすいでしょう。

03 | 基本的な仕事の進め方

　実際にPR案件を引き受けた場合に、どのように仕事が進んでいくのかを説明します。

　仕事をする上で私が気をつけていることや、次の仕事に繋げるための工夫についても紹介するので、実際に仕事を引き受ける段階になったらぜひ参考にしてください。

　私は他の人にどのように仕事を進めているのか聞いたことがほとんどなく、やり方は人それぞれだとは思いますが、少なくともこの方法で取り組めば、きっとスムーズにトラブルなく仕事を進めることができると思います。

① 条件を確認する

　PRの仕事を依頼されたら、まずはどのような条件で投稿をするのか確認します。

　企業によっては紹介する商品について資料をくださったり、投稿に関する規約や注意点を伝えられることがあるので、投稿作りの際に参考にします。

たった1件のPR案件だとしても、気軽に引き受けずに、きちんと仕事として捉えて契約しましょう。契約書の内容も、どのような仕事の場合であっても最初から最後まで必ず確認し、気になる部分があれば質問します。

　また、投稿形式もフィード・リール・ストーリーズとあるので、企業から指定がない場合は事前にどの投稿形式で作るべきか相談してから進めましょう。確認する前に作ってしまうと、投稿作りがまた一からやり直しになってしまう場合もあるので、最初の確認は重要です。

　契約内容や最初の条件を曖昧にしたまま進めてしまうと、後からトラブルが起きる可能性があります。自分の仕事内容がどこまでで、どのような内容なのかきちんと確認して進めるようにしてください。

② 下書き投稿を共有する

　お互いに投稿作りに関してすり合わせができたら、実際に制作を進めます。
　このとき、下書き投稿といって実際に投稿する予定の画像や動画などを作って提出するパターンと、下書き投稿を作る前に構成の共有をお願いされるパターンがあります。

　後者の場合、フィード投稿なら画像何枚目にどのような内容を入れるのか、リール投稿なら全体の流れを事前に文章で共有します。企業側が確認してOKなら、下書き投稿作成に進むという風になります。

下書き投稿については提出日が決まっている場合が多いですが、もし決まっていなければ事前に「〇日までに提出します」と自ら伝えておいた方が、企業側も今後のスケジュールが明確になるので仕事が進めやすいと思います。

　また、これは自分にとってもいい方法です。あなたがもし、やると決めたことはすぐにやるタイプで、子どもの頃に夏休みの宿題を先に終わらせる方だったとしたら問題ありませんが、多くの人は締切ギリギリまでなかなか動けないものではないでしょうか（私もそうです……）。

　先延ばしする傾向があるなと思ったら、**先に自分で締切を設定してその期日を守るようにしましょう。**

　納品に遅れが生じると、信頼を失ったり、次の仕事を得るチャンスもなくなってしまいます。投稿は余裕をもって作り、次の仕事に繋げるつもりで取り組みましょう。

　ただし、企業側から納品日を提案されたとき、もしスケジュールが詰まっていて難しそうなら無理をせずに相談してください。他のPR案件も同時に引き受けている場合は、スケジュールが重ならないように調整しましょう。

　私はいつも、投稿の提出日が決まっていたら、それに合わせていつ撮影したり画像加工をするか決めるようにしています。

　特に撮影に関しては、自然光の下で撮りたいので、直近数日の天気を確認しておいて撮影日をいつにするか検討しています。

　晴れてる日に撮影さえ済ませておけば、あとは画像加工や文字入れ加工を施すだけなので、余裕をもった投稿作りを行うことができます。

③ 必要に応じて修正し、投稿する

　下書き投稿を企業に提出したあとは、修正事項を伝えられることがあります。

　文言を別のものに変更したり、画像や動画を差し替えたり、後から修正しやすいように投稿作りをするというのもコツのひとつです。

　私は以前、あるアプリでリール用の動画を作成したのですが、後から修正しようと思ってファイルを開いたら壊れてしまったことがありました。

　幸い全部が壊れてしまったわけではなく、一部の動画や文言差し替えで済んだのですが、それでもかなり時間がかかってしまい、ファイルをきれいに残せるかどうかはとても大事だなと実感したのを覚えています。

　他にも、私はProcreateというイラストアプリを使って手書き投稿を作っているので、一部分だけ後からでも修正できるように、レイヤーを細かく分けて管理しています。

　ファイル管理には十分気をつけて、修正しやすいように投稿作りを工夫してみてください。

　修正した画像や動画を送り、問題なければ事前に決まっていた投稿日に投稿します。

　投稿日は最初に決まっていることもあれば、修正が終わってから投稿日をすり合わせて決めることもあります。

　投稿が終わったら、最後に改めてお礼のメッセージを送り、仕事完了となります。

04 企業から仕事を 受けるときに確認すること

　仕事の依頼はとても嬉しいものですが、気をつけなければいけないこともあります。

　普通はあまり考えられないことですが、投稿が終わって仕事が完了したにもかかわらず支払いが行われなかったり、突然連絡が途絶えることもあるかもしれません。

　このようなトラブルに見舞われないように、自分の身は自分で守ることが大切です。

　事前に確認しておくべきこと、仕事を引き受けて大丈夫かどうかの判断ポイントについてお伝えします。

①　会社情報を調べる

　メッセージが来たとき、会社情報や名前が載っていない場合は少し注意した方がいいと思っています。もしメッセージに載っていれば、会社名で検索してホームページを確認します。

　ホームページに事業内容や事業規模、所在地など基本的な会社情報が載っているかチェックしましょう。

　もし基本的な情報が載っていなくて、ホームページの内容に不安があ

れば、懸念ポイントとして考えた方がいいと思います。

　私はSNSでも会社名や商品名を検索したり、プレスリリースなどの情報があるかどうか確認することもあります。

　メッセージの内容だけで承諾するのは危険です。ある程度規模の大きな会社や多くの情報が見つかる会社なら、支払いが行われないことはまずないので、会社の実態があるかどうかや基本的なことは調べておきましょう。

② コミュニケーションがスムーズか確認する

　メッセージをやりとりしていてコミュニケーションが取りづらいと思ったときは、仕事を進める上でストレスになりやすいので注意が必要です。

　例えば、極端に返信が遅かったり、以前伝えたことを何度も質問されたり、途中で最初と言っていることが変わったり、質問に対して回答が返ってこなかったりといろいろなパターンがあります。

　依頼をいただくのはとてもありがたいことですが、コミュニケーションがスムーズでないと仕事もスムーズに進まないので、どうしても違和感を感じるときは思い切って断った方がいいでしょう。

　私は、**仕事においてお金を稼ぐことも大事ですが、ストレスなく仕事をすることも大切にしたいと思っているので、こうした仕事の進めやすさについても重視しています。**

302

③ 支払い時期と支払い方法を確認する

　契約時に、支払い時期と支払い方法についても明確にしておきましょう。

　特に海外の会社から仕事を引き受ける場合、銀行振込ではなくPayPal支払いになることもあります。PayPalアカウントがない人は準備が必要になるので、支払いについて事前に確認することをおすすめします。

　企業により支払い期日が違うので、複数のPR案件を引き受けていると、いつ何が支払われるのか複雑になることがあります。

　期日を過ぎても支払われない場合は、必ず自分から確認しましょう。

　意外とこういったケースはあり、私も体験しています。そのときはトラブルが起きて遅れているだけでしたが、連絡しなかったら支払われないままだったかもしれませんし、スケジュール管理しておいてよかったとそのとき思いました。

　私は、支払い期日と金額をメモアプリやカレンダーに入力しておいて、その日になったら確認するようにしています。 わからなくなってしまわないように、ぜひどこかにメモを残しておいてください。

　また、振込の際に、実際に連絡を取っていたアカウントや企業の名前とは振込名義が異なる場合があります。金額と照らし合わせればどこからの振込かわかるものですが、できれば振込名義も事前に聞いておけば、スムーズに確認することができます。

Chapter 6

仕事を始めよう

303

④ 報酬について交渉する

PR案件の報酬については本当にいろいろなケースがあり、リアルな意見が表にあまり出ないので、実際どれくらい稼げるものなんだろう？と気になる方も多いかと思います。

仕事は結局相手との契約次第なので、全体的に何かルールが決まっているわけではありません。だからこそ正解がないので、PR案件をどのように引き受けるか迷う人も多いでしょう。

私も、Instagramで仕事を引き受けるようになって、少しずつ私なりの取り組み方や基準のようなものを考えるようになりました。

私の場合は、1投稿を作るにあたってかかる時間や労力を考え、1投稿をいくらくらいで引き受けたいか決めています。 ネットでPR案件の相場を調べると、だいたいフォロワー数×1〜3円といった情報が多いので、この相場も考慮しつつ決めました。

まずはPR投稿でいくらの報酬を得たいか、自分なりの基準や金額を考えてから交渉するのがいいと思います。

高めの見積もりで設定する場合は、普段からエンゲージメントを高く保ったり商品をきれいに撮影したり、自分の強みなど見積もり金額が高くなる理由があれば、交渉時に納得してもらえる可能性が高まります。

基準がなくどんな提案でもとにかく引き受けるというスタンスでいるとPR案件を引き受け過ぎることになってしまうので、自分なりに引き受けたい金額の基準やその根拠を考えておくと交渉もしやすくなります。

⑤ 自分の言葉でPRする

　PRの際に、自分の言葉で伝えられるかどうかを確認することも重要です。

　例えば、PRする商品について必須の記載事項（商品名、値段、特徴など）を事前に共有していただき、それを盛り込みながら自分の言葉で商品を紹介する、という流れはごく自然でフォロワーさんにも伝わりやすい内容になります。

　一方で、細かな文言指定があったり、構成が指定されることもあるかもしれません。

　そのような場合は少し注意が必要で、他の発信者さんと紹介の文言が被ったり、自分の言葉でない感じがしてフォロワーさんに伝わりにくいときがあります。

　私の場合は、構成や具体的な言葉が指定されるかどうかは仕事を引き受ける前に確認して、アカウントの世界観に合う形や自分の言葉で紹介したい旨を伝えるようにしています。

　どのアカウントでも同じような流れ、同じような文言で行われているPRは不自然さを感じてしまうので、**自分の言葉で伝えられるPRのみ引き受けるようにしています。**

　多くの場合はアカウントや普段の投稿内容に沿う形での投稿が可能だと思いますが、念のため確認するようにしましょう。

05 | ASPに登録して リンクを貼る

　企業から依頼を受ける他にも、広告主との仲介の役割を担う「ASP（アフィリエイト・サービス・プロバイダ）」に登録して、アフィリエイト広告を貼って収入を得る方法もあります。

　ASPへの登録は、以前はブログやサイトが中心でしたが、最近ではInstagramやYouTubeなどのSNSも登録が可能になりました。

　この方法なら、企業からの依頼を待たずに収益化を図ることができます。普段から使っている商品やサービスの広告が見つかることもあるので、ASPに登録してぜひチェックしてみてください。

① 案件数の多いASPに登録する

　初めてASPに登録するなら、幅広いジャンルを扱っていたり、案件数が多いサービスを選んでみましょう。

　私のおすすめは、「A8.net」と「afb」です。案件数が多く、見たことがある商品やサービスの広告もきっと見つかるはずです。

　どちらにも掲載されている案件もあれば、一方にしかない案件もあるので、どのような違いがあるかも見てみると面白いと思います。

306

A8.net

afb

　ASPに登録が完了し、ブログやSNSなどのメディア情報などの登録も終えたら、さまざまな広告に提携申請を行うことができます。
　広告主によって即時提携OKだったり、審査がある場合もあります。審査は通常数日後には完了するので、審査に通過すればその広告主の広告を取り扱えるようになります。

　バナーリンクやテキストリンクなどさまざまな形でのリンクが提供されており、管理画面から自由に選んで掲載できるようになっています。
　このとき、コピー＆ペーストを間違えてリンクの文字列が途中で切れてしまわないよう、リンク掲載時は注意してください。

② 各ASPの規約を守ってアフィリエイトリンクを掲載する

ASPにより、登録できるSNSや規約に違いがあります。必ず各ASPのルールを確認した上で、アフィリエイトリンクを掲載するようにしましょう。

例えば、本書執筆時点（2024年8月）ではA8.netではInstagram・YouTube・TikTokでのアフィリエイトが可能、afbではInstagramとYouTubeで可能と公式サイトに書かれています。

Instagramは上記のサイトでは両方ともOKですが、他のSNSでアフィリエイトを行う場合は注意してください。

A8.netでもafbでも、Instagramでアフィリエイトを行うときの具体的なやり方を紹介しているページがあります。リンクの貼り方や注意事項も書かれているので、参考にしながら進めてみましょう。

- A8.net「Instagramを使ったアフィリエイトガイド」
https://www.a8.net/as/Instagram/

- afb「Instagramアフィリエイトガイドライン」
https://www.afi-b.com/affiliate-introduction/sns/instagram-guide/

大事なポイントは、SNSアカウントの情報やURLを登録しておくことと、広告であることを明記することです。

ブログやサイトと同様に、Instagram や YouTube も登録する必要があります。事前に登録を行ってから、広告主への提携申請を進めましょう。

また、ステルスマーケティングに当たらないよう、タイアップ投稿タグやハッシュタグを使用して広告であることを明確にします。

③ WordPressブログ活用のすすめ

SNSアフィリエイトは自身のおすすめするものを紹介して収益を得られるのがメリットですが、PR案件と同様にあまりに広告リンクが多くなるとよい印象になりません。

また、Instagram はビジュアルメインの SNS なので、詳細な情報とともに紹介するのが難しい側面があります。

そのため、画像や動画だけでは十分に伝え切れない情報や体験談などがあれば、それをブログに書く方法もおすすめです。

フォロワーさんからしても、特に高額な商品やサービスに関しては Instagram を見て即断即決が難しいケースがあるので、じっくり情報収集してから判断したいと思うはずです。

そんなとき、Instagram で紹介されているだけでなく、「ブログ記事で詳しく書いたので参考にしてください」とストーリーズにリンクが貼られていれば、情報収集の手間が省けて喜んでもらえる可能性が高まるでしょう。

Instagram だけでも発信力を高めたりマネタイズすることも可能ですが、このように他の媒体も組み合わせれば、ひとつの SNS だけでは伝え切れないことも伝えられます。

私もブログを運営していて、「WordPress（ワードプレス）」というCMS（コンテンツ・マネジメント・システム）を使用してブログを運営しています。

　無料で始められるブログサービスもありますが、無料サービスの場合はアフィリエイト広告に関するルールが厳しかったり、掲載が難しいケースが多いです。

　ブログでの収益化も視野に入れている方は、WordPressブログをぜひ検討してみてください。

WordPressブログ

06 自分の商品や サービスを作る

　Instagramでの発信をきっかけに、オリジナルの商品やサービスを作る方法もあります。

　オリジナルの商品は、自身でコントロール可能な部分が大きいのが最大のメリットと言えるでしょう。

　例えば、PR案件が途絶えたりいつも扱っているアフィリエイト広告が突如終了となった場合は収入源が途絶えることとなりますが、オリジナルの商品やサービスを持っていれば、収入が急に途絶えることは防げます。

　私はSNS発信は不安定なものだと捉えているので、常にリスク分散の意識を持っています。特に、自分でコントロールできる範囲が大きい仕事の割合を多くしていくと、収入が急になくなるという事態が防ぎやすくなります。

　ここでは、自分の商品を作る例としてさまざまな方法を提案しています。

　最初はPR案件やアフィリエイト広告でのマネタイズから始めて、徐々にこうした別の形での収益化も目指すといいと思います。

① オリジナルブランドやショップを持つ

　アカウントで扱っているテーマに合わせて、オリジナルブランドを持つ方もいます。
　インテリアや雑貨など、アカウントを続けるうちに「自分でも作ってみたい」と思ったものがあれば、それをぜひ実行に移してみてください。

　最初は商品の作り方もブランディングもマーケティングも何もかもわからないかもしれませんが、書籍やネットで情報はいくらでも得られます。「こんな商品があったらよさそう」「オリジナルの商品を多くの人に使ってほしい」と思うことがあれば、オリジナルブランドやショップ運営についても考えてみましょう。

　ECショップを始めるのにおすすめのサービスには、「BASE」「STORES」「Shopify」などがあります。費用やカスタマイズ性、使いやすさなどを考慮して、特徴を比較しながら自分に合うサービスを選んでください。

　私も韓国雑貨のオンラインセレクトショップを運営しています。

韓国雑貨のセレクトショップ「But Butter」

② スキルを販売する

個人のスキルを販売できるサービスも、最近は増えてきました。

有名なプラットフォームで言うと、「ココナラ」は聞いたことがある人も多いのではないでしょうか。

ココナラはあらゆるスキルを販売できるサイトとなっており、ジャンルもデザインから悩み相談まで見つからないものはないくらいの多くの種類があります。

ロゴやイラストを作ったり、動画を制作したり、マーケティングの提案をしたり、コーチング、占い、ダイエットのアドバイスといったサービスを提供している方もいます。

ココナラの他にも似ているサービスはいくつかあります。

「MENTA」というサービスでは、メンターとなってデザインやプログラミングなどの相談に乗ったり、月額制で質問し放題といった形でのサービス提供も可能です。

このようなスキルシェアサービスを利用して、自分だけのサービスを作ってみましょう。

③ オンライン講座を提供する

スキル販売のひとつの方法として、マンツーマンやセミナー形式でのオンライン講座を提供するやり方もあります。

「カフェトーク」というサイトでは主に語学などの趣味に関連したオンラインレッスンを提供したり、「MOSH」ではオンラインレッスンや月額サブスクサービス、動画やPDFなどのデジタルコンテンツを販売できます。

カフェトーク

　語学やエクササイズなど、オンライン講座が適している内容ならぜひ利用してみてください。

④ オンラインサロンを始める

　オンラインサロンでコミュニティを作る方法もあります。
　ユーザーは月額制で入会し、さまざまなコンテンツを楽しむことができます。
　継続的にコンテンツを提供したり、管理が大変な部分もありますが、ユーザーと近い距離で接することができるのは発信者にとっても楽しいと思います。

　また、ユーザー同士の交流が活発になることで、情報交換やモチベーション維持にも繋がります。
　時にはリアルイベントを開催したり、定期的にセミナーやオンライン

飲み会のような形で交流を図るのもいいでしょう。

　コミュニティ作りに興味がある方は、オンラインサロンも検討してみてください。

⑤　書籍を執筆する

　InstagramなどのSNSがきっかけで、書籍執筆の機会に繋がることもあります。

　私もブログやSNSを通して、書籍を書く機会をいただいてきました。

　もしあなたが何か好きなテーマで本を書いてみたいと考えているなら、Instagramだけでなくブログも併用するのがおすすめです。ブログで記事を書くことに慣れていると、書籍で長文を執筆するときも抵抗がなかったり、書籍執筆の機会にも繋がりやすいからです。

　Instagramで発信力を高めるのもいい方法ですが、特定のテーマで本を出したいなら、まずはそのテーマで記事を書いてみましょう。編集者さんも、事前にどのような文章を書く人なのかわかっていた方が頼みやすいはずです。

　今はネットで作品を発表できる時代です。文章も画像も動画も音楽も何でも、作ったものを公の場所に発表し、評価を受けて作品を磨いていくことが成長への近道となります。

　本を書きたいと考えているなら、SNSとブログを最大限活用してくださいね。

Chapter 6　仕事を始めよう

315

⑥ セミナー講師として活動する

　セミナーや講演を仕事にする方法もあります。あるテーマに関して深い知識や多様な経験を持っていると、セミナー講師としても活躍できる可能性が出てきます。
　思わぬところから声がかかることもあるので、InstagramのDMをチェックしたり、ブログなどにお問い合わせフォームを設置して仕事の機会を逃さないようにしましょう。

　セミナーや講演を行うのに、資格などは特に必要ありません。
　人に教えるのが好きな人、オンラインだけでなくオフラインでも活動の幅を広げていきたい人にぴったりな仕事です。

⑦ 「note」でコンテンツを販売する

　クリエイターが文章や画像などさまざまなコンテンツを投稿できるメディアプラットフォーム「note」では、有料記事の販売を行うことができます。

　好きな値段をつけられたり、無料・有料で

私のnoteのトップページ

読める範囲をそれぞれどこからどこまでにするかも決められます。情報系記事の他、エッセイや漫画コンテンツなど、さまざまな形の有料記事があるので、noteで実際に見てみてください。

複数の記事をまとめて「有料マガジン」として販売することもできます。

将来フリーランス・個人事業主として長く活動していきたい方は、収入面のリスク分散という観点から、上記のような自分だけの商品・サービス作りまで進められると理想的です。

自分に合う方法を模索しながら、興味のあることから始めてください。

07 | Instagram ×　ブログのすすめ

　Instagramとブログの組み合わせも、今後のリスク分散や収益化の拡大化にぴったりな方法です。Instagramの運用に慣れてきたら、ぜひ同じテーマでブログを始めてください。

ブログを始める

　私はブログから始めて、その次にInstagramに取り組んだのですが、後になってブログをやっておいてよかったと思いました。

　ブログでは、文字数や画像の枚数の制限がないので、書きたいことを好きなだけ書くことができます。
<u>Instagramでは説明しきれない内容を記事としてまとめて、投稿の補足として記事を紹介すればフォロワーさんの役にも立ちます。</u>
　また、私も使っているWordPressというサービスを使ってブログを作れば、ASPアフィリエイトなどの広告も自由に貼ることができるので、<u>Instagramとは別の角度からの収益化が可能</u>です。

私のブログはこちら

　書籍出版を目指す人や、講演・セミナーといった

318

仕事を受けたい人にもブログはおすすめです。自分だけのホームページのような感じで、情報をまとめて置く場所としてブログをぜひ活用してみてください。

❶ WordPressでブログを始める

「WordPress（ワードプレス）」を使ってブログを始める詳しいやり方については、私のブログ記事を参考にしたり、「WordPress 作り方」などと検索してみてください。

　ここでは、ブログ開設までの大まかな流れについて説明しますので、具体的な手順をイメージしていただければと思います。

　無料で使えるブログサービスもたくさんあるのですが、無料の場合はデザインや広告のカスタマイズがほとんどできないなど、自由度が低くマネタイズしにくいというデメリットがあります。

　趣味で発信するだけならそれでも十分ですが、**広告で収入を得ることを視野に入れるなら、無料ブログよりも自由度の高いWordPressの方がいい**というわけです。

　WordPressでブログを開設するためには、レンタルサーバーの契約と独自ドメインの取得が必要です。

　普段からパソコンをあまり使わない人にとっては馴染みがないかもしれませんが、これらは手順通りに行えばそんなに難しいことはないので安心してください。

　レンタルサーバー契約と独自ドメイン取得にはお金がかかりますが、あわせて月に1,000〜1,500円くらいの金額です。

　月数万円かかるとなるとリスクが高く慎重になる必要がありますが、カフェ2〜3回分の金額と考えれば、途中でやめたとしても取り返しのつかないほど大きなお金を失うことにはなりません。

これから収入を得るための先行投資と考えて、必要なところにはお金をかけるのがいいでしょう。

❷ ライティングやSEOを勉強する

　ブログを開設してある程度デザインを整えたら、記事を執筆します。

　私なりのコツなのですが、最初からデザインを完璧にしようとすると疲れてしまうので、ある程度整えたところで一旦デザインのことは忘れて記事を書く→記事を書くのに疲れたらまたデザイン、というように順繰りに取り組むと飽きなくて楽しいです。

　普段文章を書かない人は、記事を書くのはすごく難しいと感じると思います。

　はじめは記事を書いた自分を褒めて、投稿できたこと自体を喜びましょう。

　書くことが習慣になってきたら、ライティングについても勉強してみてください。

　ライティングといっても、共感を呼ぶ文章、ストーリーを伝える文章、商品を売るための文章などいろいろあります。

　さまざまな文章に触れ、書く人それぞれの考え方を吸収し、自分なりの文章のスタイルを見つけてみましょう。

　ブログでは、SEOの知識も重要です。SNSからの流入と検索からの流入、どちらもあるのが理想的です。こちらもGoogleの最新情報をチェックしたり、本を読んで勉強したり、できる限りのSEO対策を行ってください。

❸ 各SNSで記事を紹介する

　記事を書いたら、InstagramなどのSNSでシェアしましょう。

　ブログだけでなくSNSも活用することは、モチベーションの面でも非

常におすすめです。

　始めたばかりの頃はアクセス数がほとんどありません。読者からの反応がない中で記事を書き続けることは、とても大変なことです。

　SNSがあれば、記事をシェアすることで少なくともアクセス数はゼロにはなりません。

　感想や質問などをもらえたらモチベーションになりますし、誰かに見られていると意識すると「もっといい記事を書こう！」とモチベーションが高まっていきます。

　記事を書いたら、積極的にSNSでお知らせしていきましょう！

Instagram × ブログ

　Instagramとブログの関連性をどのように作っていくのか、私が行っている考え方や方法をいくつか紹介します。

❶ 人気があった投稿と同じテーマで記事を書く

　Instagramで投稿を続けるうち、**特に注目を集めた投稿があれば、その投稿内容を深掘りする形にすると記事が書きやすい**です。

　例えば、私のInstagramで韓国語のおすすめ参考書や勉強法の投稿が伸びていることがわかったら、それに関連する記事を書くという流れです。投稿後にコメントで質問があればその回答も含む形で記事を作れば、読者の満足度が高い内容になるでしょう。Instagramだけでもいいのですが、注目を集めた投稿内容については、「もっと詳しく知りたい」と思っているフォロワーさんもきっといるはずです。

そんなフォロワーさんの参考になるように、Instagramの投稿では説明しきれなかったことも盛り込んで、十分な情報量で記事を書くようにします。

「投稿と一緒にこちらの記事も参考にしてください」とストーリーズで記事のリンクとともに紹介すれば、きっと見てくれるフォロワーさんがいます。

韓国語を勉強しているフォロワーさんが多いので、ブログでより詳しく韓国語の参考書について紹介してみた

何から書けばいいのかわからなくなったら、こんな風にInstagramの投稿への反応を参考にしてください。

❷ DMで質問の多い内容について記事を書く

一言で答えにくい質問に答える形で記事を書く、というのもおすすめしたい方法です。

私の場合は、DMで働き方に関するご相談をいただくことが多いのですが、これまでやってきたことやフリーランスでの仕事獲得方法、モチベーションに関する話など内容が多岐に渡るので、これらの答えになるような記事を書くことにしました。

フリーランスについて質問をいただいたら、まずは該当する記事のURLをお送りし、読んだ上でわからない部分などがあれば再度質問いただく形にしています。

毎回長い文章で説明するのも大変だったり、何通ものDMが届くと対

応しきれないことがありますが、**ブログで記事を書けばフォロワーさん**
は包括的な情報を得られ、発信者側は答える労力と時間を省略できるの
で、双方にとっていい方法だと思っています。

❸ 読者が商品を探しやすくする

　ブログを活用すれば商品紹介がしやすく、フォロワーさんもまとめて
商品を確認できるメリットがあります。

　Instagramで商品をリンク付きで紹介する場合、ストーリーズに掲載して、
ハイライトにまとめるパターンが多いです。他にも、lit.link（リットリンク）
などのリンクまとめサービスを使って商品を紹介する方法があります。

　これらの方法のデメリットは、ひとつひとつ商品を確認しに行くこと
が必要だったり、どこから情報を確認すればいいのかわからなくなって
しまうことです。

　例えば、私がデスク周りで使っているものを紹介するとき、ストーリー
ズやリンクまとめサービスではデスクライト・スピーカー・ペンスタン
ド……と独立してリンクを掲載することになります。フォロワーさんは
ひとつひとつチェックしなければならないので、ちょっと大変です。

　一方で、ブログに「デスク周りで使っているもの」として記事を書い
て、そこに商品がすべてまとまっている場合、その記事をブックマーク
すればフォロワーさんは1ページですべての商品チェックが完結するの
で、いろいろなページを行き来する必要がなくなります。

　このように、「あの情報ってどこからチェックすればいいんだっけ？」
「前に見たあの商品、どこから見ればいいんだろう」と**フォロワーさんに**
迷わせない、負担をかけさせないため、商品紹介に限らず一箇所にまと
めておきたいリンクなどがあれば、記事にするといいでしょう。

COLUMN

あると便利な撮影機材

Instagramの投稿画像や動画撮影で、私が普段使っているものを紹介します。

最初はスマホだけでもいいかもしれませんが、徐々に揃えていくと投稿のクオリティが上がったり投稿作りが快適になるので、参考にしてみてください。

❶ スマホ

今はiPhone15 Proを使用していますが、それ以前はずっとiPhone 12 Proを使っていました。

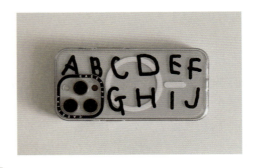

iPhoneやその他のスマホで、十分に素敵な写真や動画の撮影が可能です。

YouTubeで「iPhone 撮影 コツ」のように調べると多くの情報が出てくるので、それらを参考に設定を調整したり、さまざまな撮り方を試してみましょう。

❷ カメラ

もっと画像や動画のクオリティにこだわりたい方は、カメラを使うのもいいと思います。

私もSONYの「VLOGCAM ZV-1」というカメラを持っ

ていて、もともとVlog撮影用に買ったものなのですが、Instagramの撮影でも使うことがあります。

　カメラがあるといいのは、スマホを含めて撮影したいシーンがあるときです。
　スマホを操作しながらおすすめアプリを紹介したいときなど、スマホ1台だけでは難しいシーンもカメラがあれば撮ることができます。
　カメラがなくても、家族のスマホを一時的に借りてそのシーンだけ撮影させてもらうといった方法もありますが、いちいちお願いするのが大変だったりひとりで制作している場合もあると思います。そんなとき、カメラがあると助かります。

❸ Anker USB-C 2-in-1 カードリーダー

　私はいつもスマホで加工や編集を行っているので、カメラで撮った画像や動画もスマホに取り込んでいます。このとき必要なのがカードリーダーなのですが、Ankerのこちらの商品はとてもコンパクトで場所も取らないので重宝しています。
　使い勝手もシンプルで、デザイン性も高く気に入っています。

❹ 三脚

　リール撮影で欠かせないのが三脚です。

　三脚選びのポイントは、安定感があるか、十分な長さがあるかどうかです。

　私は3つの三脚を持っていて、保管にあまり場所を取らず、比較的軽くて取り回しのいいものを愛用しています。

　メインで使う大きめの三脚を1つ、小さめの三脚を2つ持っていて、デスク周りに置けたり手元を映すのに使いやすいものとなっています。

　また、こんな感じの簡易的なスマホスタンドもあると便利です。

　角度はあまり変えられませんが、ちょっとした撮影や手元を撮るときに使ったり、普段は普通にスマホやiPadスタンドとして使っています。

折りたたみ可能で持ち歩きやすい

❺ VRIG MG-03 スマホホルダー三脚 MagSafe用

MagSafe対応のスマホを持っている方にぜひ使っていただきたいのが、こちらのスマホホルダーです。

Instagramで紹介してくださっている方がいて、とても便利そうで購入し

てみたら予想以上の使いやすさで、追加でもう1つ購入したほどお気に入りです。

三脚に取り付けて使うのですが、MagSafe対応なのでスマホを近づけるだけでぴたっとくっつき、角度も自由に変えることができます。

普通はねじを回したり、バネのようになっていて左右をぐっと引っ張ってスマホをセットすることが多いと思いますが、こちらのスマホホルダーなら一瞬で取り付け可能で取り外しも簡単なので、撮影する→確認のため外す→撮り直しのためもう一度撮影する、のような流れのときでも手間がかかりません。

スマホで撮影する方にはぜひおすすめしたい商品です。

01 | 目的を見失わずに続ける

　Chapter 7では、これまで紹介しきれなかった大切なことをまとめています。お金のこと、法律のこと、考え方のこと……最後にこれだけは伝えておきたいと思ったことを書いて、本書の締めくくりとしたいと思います。

　私が今までSNSに取り組んできて一番難しいなと思うのが、目的を見失わずに続けることです。

　SNSでの発信活動は、まるでバランスを取りながら慎重に歩いて行く綱渡りのようです。フォロワーさんの方を見て、仕事をするときはクライアントさんのことも見て、自分の世界観やコンセプトを守り続けて、投稿を継続する。
　全部のバランスが取れていないと、続けることはなかなか難しいものです。

　Instagramを含めたSNS全体の話として、目的を持ちながら続ける考え方や、SNSに対してどのように向き合ったらいいのかわからなくなったときの考え方を紹介します。

① 「フォロワー数を増やすこと」を一番の目的にしない

　SNSを続けられない原因としていくつかあると思いますが、中でもよくある原因はモチベーションの問題です。「なんで続けてるんだろう？」「何のために始めたんだっけ？」と思い始めたら、なかなか前に進めなくなってしまいます。

　アカウントを始めるとき、多くの人がまず考えるのが「フォロワー数を増やすこと」だと思います。もちろん、アカウントの規模は大きくなればなるほど伝えたいことを伝えられる人数が増えて、仕事にも繋がりやすくなります。

　しかし、フォロワー数がいくら伸びてもエンゲージメントが低くなったり、仕事に繋がらなかったらどうでしょうか。また、投稿していて楽しくないと感じるようになったらどうすればいいのでしょうか。

　例えば、仕事に繋げることが目的の場合は、フォロワー数を増やすことだけを考えるのではなく、フォロワー数が伸びてアカウントが大きくなったときにどのような仕事が獲得できそうなのかも考えながら続ける必要があります。

　一方、仕事獲得ではなく、記録や趣味を楽しむ目的で始める人もいるかもしれません。

　例えば自分のための勉強記録をつけて、同じように勉強している人とモチベーションを高め合いながら頑張りたいというのであれば、「勉強記録を継続的に投稿すること」「交流を持ってモチベーションを維持すること」が目的になるので、これが達成できていればアカウントの目的は果たされることになります。

フォロワー数が増えて大きなアカウントになったとしても、望む結果が得られないならやる気も失われてしまいます。

伸ばす努力は必要ですが、かといってそれだけに偏ってもダメで、見られることや数字に照準を合わせすぎるとどうして発信しているのかがわからなくなります。すると、いつかつまらなくなってしまうときが来ます。

そうならないように、**常に何を目的としてアカウントを運営しているのかを忘れないことが大切**です。

私の場合は、「私が感じていた生きづらさや、働きづらさで悩む人の助けになること」「知識や経験をシェアしてフォロワーさんに喜んでもらうこと」「仕事に繋げること（PR案件の実施、広告収益、自分の他の活動を知ってもらうなど）」を主な目的としています。

フォロワー数は増えた方が嬉しいのですが、数だけを追うと目的がわからなくなってしまうので、常に振り返って忘れないようにしています。

② できるだけ休まない、途中でやめない

数ヵ月や年単位でお休みしない、というのもひとつのコツです。

何かしら事情があって投稿がストップすることもあるかもしれませんが、1年以上などの長期間休むことはあまりおすすめしません。

更新頻度が落ちてもいいので、1週間に1回や2週間に1回の投稿でも続けた方がいいでしょう。

途中でアカウントをお休みするのをおすすめしないのは、**再開したとしてもエンゲージメントが極端に下がり、アルゴリズム的にも自分のモチベーション的にも続けるのが難しくなるから**です。

また、投稿をずっと続けていると、毎日歯磨きするように投稿をしていないと落ち着かないようになってきて、習慣化できるという効果もあります。

私が見ている範囲の話ですが、長期間お休みして再開し、再開後に続けている方は少ない傾向にあります。

お休みしていると一定数のユーザーが離れたり、長期間経ってそもそもInstagram自体を使わなくなる人がいたりして、エンゲージメントが下がりやすくなります。

すると、エンゲージメントが高い投稿はフォロワーさん以外にも拡散されやすくなるとお話ししたと思いますが、これとは反対のことが起こります。

つまり、**投稿しても以前ほど多くの人に見られず、投稿が広がりにくい可能性が高い**のです。

さらに、見られていないとなるとモチベーションも下がり、このままアカウントを続けるべきか迷いが出てきます。そうなると続けることが難しく、再開したもののまたやめてしまうという結果になる、という流れが多いと私は考えています。

再開してうまくいくケースもあるとは思いますが、なかなか根気が必要だと思うので、できるだけ細く長く続けていくのがコツです。

ちなみに、同じような理由で、今運営しているアカウントから方向性を大きく変えたアカウントにしたいと思った場合、別にアカウントを作って一から新しく始めた方がいいでしょう。

すでに集まっているフォロワーさんはそれまでのテーマやコンセプトに惹かれてフォローしてくれた方たちなので、まったく新しい方向性になるなら興味を失ったり、あまり投稿が見られなくなる可能性が高いからです。

　もし今のアカウントと似たようなテーマで、少しコンセプトや方向性を変えるといった場合なら、「ちょっと変わります」というようなお知らせをしてそのままのアカウントで続けるのがいいと思います。

③ SNSをやらないという選択肢もある

　Instagram、SNSを撤退する、ということについても触れておきたいと思います。

　SNSと向き合ってきて思うのですが、目的を持ってやっていても、仕事に繋げようと頑張ってみても、なんだかうまくいかないこともあると思います。
　また、楽しさよりも疲れの方が勝ってしまう人もいるでしょう。
　SNSについて解説する本の中でこんなことを言うのは変なのかもしれませんが、**SNSとは別の選択肢があることもお伝えしたい**です。

　たしかにSNSは趣味や好きなことを通して多くの人と交流できたり、仕事にも繋がる夢のある仕組みだと思います。しかし、だからといってSNSがすべてではありません。

　「ここまで続けてきたのに」と、何か歯車が合っていないような気がし

ながらも続けるかどうか、迷う人もいるのではないでしょうか。

そんなとき、**思い切って「あきらめる」選択肢があってもいい**と思います。
あきらめて別のアカウントを始めたり、SNS自体が自分に合っていないと思うなら思い切って別のことを始めてみたり。
「あきらめる」と聞くとよくない印象があるかもしれませんが、実際は、別の道を見つける方向転換の意味でポジティブな面も持ち合わせています。

副業や仕事獲得の手段としてこの本を手に取った方は多いと思います。
リスクも低く始めやすいという理由でSNSは副業として人気が高いものですが、他にも仕事の種類はたくさんあるので、他のことにもぜひチャレンジしてみてください。
この本を手に取っていただいたからには、ぜひ一度は一生懸命Instagramに取り組んでみてほしいとは思っていますが、どうしてもうまくいかなかったとしたらそれは別の道を選ぶきっかけになります。

私もSNSの他に趣味や好きなことがあって、SNSがすべてではないと思うからこそ肩の力を抜いて考えることができていると感じます。
SNSだけが自分の世界だと思うと辛くなるときがあり、やっぱり人生の楽しみはいくつも持っていたいです。

もしInstagramがうまくいかない、SNSが合わないと思ったら、きっと他のもっと楽しいことや合うことが見つかるはずです。自分に合うもっと楽しいことを見つけるステップになると考えれば、失敗はひとつもありません。

Chapter 7

覚えておきたい大切なこと

335

SNSは大変だし考えることも多いです。疲れることもあるので、他の気晴らしの手段や楽しいことも必ず持っておいてください。視野を広く持ち、SNS以外の世界も見ることで、発信に厚みも出てきて好循環が生まれます。

　SNSを続けていて立ち止まってしまったとき、何かヒントが見つかれば幸いです。

02　法律について知っておく

　SNSに関して、著作権やステマ規制などいくつか押さえておきたい法律があります。
　違反してトラブルになることのないように、十分に注意しましょう。

① 著作権（著作権法）

　著作権は著作物に関する権利で、創作した著作者に与えられる権利を指します。
　文章や画像、音楽、ダンス、美術、建築などの創作物に適用され、著作物が無断にコピーされたり勝手に使用されることを防ぐことができます。

■ 公益社団法人著作権情報センター「著作物って何？」
https://www.cric.or.jp/qa/hajime/hajime1.html

　SNSで問題になるパターンとして多いのは、画像の使用です。
　誰かが投稿した画像を無断で転載するのは著作権侵害に当たり、ネットで検索して出てきた「拾い画」を使ったりするのも危険です。

自分で撮影した画像を使用するか、もしくはフリー素材サイトを利用して、著作権的に問題のない画像を使うようにしましょう。

　無断で画像を掲載した場合、損害賠償などのトラブルになる危険性があります。
　SNSでトラブルになり炎上すると、社会的信用を失うことにも繋がります。

　本書で編集協力として携わってくださった染谷昌利さんの著書『著作権トラブル解決のバイブル！クリエイターのための権利の本』（ボーンデジタル）では、著作権にまつわるさまざまな具体例が挙げられています。
　実際に著作権侵害に遭ったときの対応方法なども載っていて、とても参考になります。著作権について「こんなときどうすればいいの？」という悩みが解決できるので、ぜひ一度目を通してみてください。

　ちなみに、Instagramで自分の投稿と同じ画像が使われているなど明らかなコピーコンテンツを見つけた場合、運営側に著作権侵害の報告を送ることができます。
　該当するアカウントのページの右上「…」から「報告する」を選び、進んでいくと「知的財産権の侵害」という項目があり、そちらから必要な情報を入力して送信すると運営側が削除してくれることがあります。

　相手の投稿にコメントして注意喚起する方法などもありますが、悪質な場合はコメント欄を閉じるなど無視されることも多いので、気づいたときにはこのように運営に報告するといいでしょう。

　「Instagram 著作権侵害の報告」といった文言で検索すると情報が出てくるので、いざという時には参考にしてください。

② ステマ規制（景品表示法）

2023年10月1日から、ステマ規制の施行が開始されました。

ステマとは「ステルスマーケティング」のことで、金銭などが発生している広告であるにもかかわらず、それを隠して商品の宣伝や販促を行う行為です。

SNSではリアルな口コミなのか商品のPRなのかはっきり明示されないことがあり、これまで問題となっていましたが、ステマ規制が施行されたことではっきりとPRや広告であることを明示することとなりました。

具体的には、「#PR」というハッシュタグをわかりやすい箇所に付けたり、Instagramならキャプションの冒頭にPRであることを明記したり、タイアップタグを表示させるといった方法があります。

ひとつポイントとしては、商品やサービスを紹介する＝必ずPRやタイアップとなるわけではなく、例えば自分で使っていて気に入ったものを紹介する投稿に関してはPRには当たりません。

ステマ規制の対象となるのは、商品の宣伝や投稿内容について広告主（事業者）が関わっていたり、広告主からインフルエンサーへ依頼や指示があるなど表示内容に関与した場合とされています。

商品紹介なら何でもPRを付けなければいけないわけではないので、場合に応じて対応するようにしましょう。

いろいろな情報を載せている人がいると思いますが、

- 消費者庁「景品表示法とステルスマーケティング～事例で分かるステルスマーケティング告示ガイドブック～」
https://www.caa.go.jp/policies/policy/representation/fair_labeling/assets/representation_cms216_200901_01.pdf

などの公式の情報を参考にしながら、PRとする場合とそうでない場合について基準を知っておいてください。

③ 誹謗中傷（名誉毀損罪、侮辱罪）

SNSでよく問題になるのが、誹謗中傷です。コメントやDMで心ない言葉を送るなど、SNSで相手の顔が見えないからとリアルさが希薄になり、誹謗中傷する人もいます。

誹謗中傷は、その内容によっていくつかの犯罪行為に該当します。代表的なものでは、名誉毀損罪や侮辱罪、脅迫罪などがあります。

気軽にコメントを書き込んだり相手にDMを送れるSNSでは、あまり意識していなくても勢いに乗って誹謗中傷してしまう人もいるかもしれませんが、このような刑事責任が問われる可能性があることを忘れないでいてください。

誹謗中傷は、受けたときの対策も考えておく必要があります。
誹謗中傷コメントや暴言、悪意を感じる言葉などが投稿に書き込まれたら、削除したりミュート・ブロックなどで対応しましょう。

このようなコメントに対して謝罪や反論を書きたくなる人もいるかもしれませんが、誰かを傷つけたり大きな間違いがあった場合を除いて謝る必要はなく、反論もさらなるトラブルに発展するケースがあるのでおすすめしません。

とにかく毅然とした態度で対応して、自分が平和に楽しく発信できる環境を守ることを一番に考えてください。

明らかな暴言とわからない場合、言い方は普通でも悪意が感じられたり、さまざまなケースがあって迷うこともあると思います。

反対意見や間違いの指摘などをすべてアンチコメントとして捉えるべきではありませんが、そのコメントを他の人が見たときに不快にならないかどうかをひとつの基準にするといいと思います。

以前、他の人の投稿を見ていたとき、参考になる素敵な投稿だと思ってコメント欄もなんとなく見てみたら、酷い言葉が書いてあったり悪意があると感じられるコメントがあり、私もなんだか悲しい気分になったことがありました。

不快なコメントは、やはり他の人から見ても気分がいいものではありません。

そのコメントのせいで本人が楽しく発信できなくなってしまうくらいなら、削除して早く忘れて、また楽しく発信を続けた方がいいです。

どんなに平和な内容で、誰かを傷つけることなく発信していても、アンチコメントをまったくのゼロにすることは難しいです。

ある日突然そのようなコメントを目にすると悲しくなったり落ち込んだりしますが、SNSに取り組んでいるとどうしても起こってしまうものなので、あまり気にせずミュート・ブロックで対応しましょう。

ただし、何度も同じようなよくないコメントが来たり、複数人の方から指摘などがあった場合、自分の投稿内容や言葉選びについて見直しが必要なこともあります。

　悪意のある言葉＝100％アンチコメントと考えず、何度も、または複数のコメントが来る場合には何か要因がある可能性があるので、すべて跳ね除けずに内容に問題がないか振り返ってください。

　誹謗中傷を防ぐためのひとつの方法として、何かを肯定するときに他の何かを否定しない、ということを私はいつも気をつけています。
「Aの商品はBとは違って素晴らしい」のように、Aを肯定するために、Bや他の何かを否定する必要はありません。

　このような発言を続けていると、反発する意見や賛否両論が巻き起こりやすく、誹謗中傷に繋がるおそれがあります。

　何かを否定するとわかりやすい構図になり、強い言い方によって説得力が強くなったように感じられますが、長く平和に楽しく発信していく手段としてはやらない方がいいでしょう。

　もうひとつ、**ニュースや政治・宗教の問題など、デリケートな話題を扱うときには注意が必要です。**多くの人が関心を持ち、肯定・否定などさまざまな意見が出てくる可能性がある話題には触れず、アカウントのコンセプトや世界観作りに集中することをおすすめします。

　誹謗中傷を自らしないことはもちろん、誹謗中傷で悩んでせっかく楽しかったSNS発信をやめてしまう人がいないよう、少しでも何かヒントになれば嬉しいです。

342

03 | 稼いだお金の 使い道を考える

　Instagramでの活動が収益にも繋がり、お金を稼げるようになってきたら、今度はその使い道についても考えてみましょう。

　お金の使い方を工夫することで、発信活動がさらに楽しくなったりフォロワーさんにも喜んでもらえるようになります。

① フォロワーさんにシェアしたいことに使う

　最初に提案したいのは、フォロワーさんにより多くの情報や知識、体験を伝えるために使う方法です。

　スキンケアについて発信しているなら気になるスキンケア商品を買ってみたり、英語を勉強しているなら新しい参考書を買う、英語教室に通ってみるなどの選択肢が考えられます。

アカウントのテーマやコンセプトに沿って、今後の発信の幅をもっと広げてくれたり、投稿アイデアの元になりそうなことにお金を使うイメージです。

　基本的にはこの考え方でお金を使うようにすると、発信してフォロワーさんにまた喜んでもらえたりと、いい循環ができると思います。

私の場合は語学やデザインに関する本を買ったり、デスク環境を整えたり、新しい文房具やガジェットを探したり、フォロワーさんにもっと役立ついい情報を伝えられないかと模索しています。

新しいことを勉強するためにお金を使う

② 自己投資のために使う

　SNS発信ならライティングやマーケティングを勉強したり、発信活動や仕事の底上げになるように自己投資にお金を使うのもおすすめの方法です。
　私も、投稿のクオリティを上げたり世界観の追求のために、デザインや動画編集を勉強しています。具体的には、本を買ったり、オンライン講座が見られる有料サービスに登録して日々勉強を続けています。

　人により興味のあることや学びたい分野はさまざまだと思うので、内容によってはセミナーに行って話を聞いてみたり、スクールに通うのもいいでしょう。
　ただし、自己投資にお金を使うとはいっても、高額なものについては慎重に考えてください。まずは本など身近でリーズナブルな手段から学び始めて、本気で学びたいと思う分野が見つかれば、そのときは高額なスクールなども検討すると後悔が少ないです。

SNS発信を始めたい人の中には、将来個人で働きたい、フリーランスでやっていきたいという方もいると思います。そんな人もぜひ積極的に自己投資にお金を使ってください。

　個人で働く場合、ほとんどすべてが自由である代わりに、自分の身は自分で守らないといけません。緊張感のある働き方ですが、学び続ける姿勢を忘れなければ楽しく続けていくことは可能だと思います。
　稼いだお金でまた勉強して、さらに仕事や生活を充実させていきましょう。

③ 資産形成を考える

　最近は積立投資などに興味を持つ人も多くなり、資産形成についての情報もInstagramでよく見かけます。私も数年前にお金について真剣に勉強し、つみたてNISAを始めたりしました。
　また、税理士さんに任せっきりにしていた確定申告や経費のことも改めて勉強して、自分で把握するようになりました。

　収入が増えてきたら法人化も検討したり、稼いで終わりではなく、稼いだお金をどう活用して貯めていくかについても考えましょう。
　ネットでも情報は得られますが、やはり体系的な情報が学べるという点から読書をおすすめします。フリーランスや個人事業主になりたい方は、そういう方向けの書籍も多く出ているので、ぜひ書店で手にとってみてください。
　資産形成でも確定申告でも、人気のある代表的な書籍を数冊読むとだいぶ概要がわかってくると思います。その上でわからないことがあれば、ネットで調べながら知識をつけていってください。

④ 趣味や新しい体験に使う

　純粋に、趣味などの好きなこと、やってみたいことにお金を使うのも
いいでしょう。
　①〜③までは仕事のため、将来のためというような感じの使い方です
が、シンプルに人生を充実させるために使うのもおすすめです。

　**アカウントのテーマとは関係がなくても、趣味があればそれを極める、
好きなことがあればやってみる、行きたいところがあれば旅行してみる
など、やりたいことは何でもやってみてください。**

　一見関係がないように見えるかもしれませんが、やってみると新しい
発見があったり、リフレッシュできて仕事をまた頑張れたり、あらゆる
面でいい影響があります。
　誰かと旅行したり、大事な人にプレゼントを贈ったり、そんな使い方
もいいです。
　仕事のため、Instagram のためと考えすぎると視野が狭まってしまうの
で、時にはこのように仕事と全然関係ない好きなことにお金も時間も
使ってみましょう。

　体験以外でも、ずっとほしかったものを記念に買ってモチベーション
を上げる、というのでもいいと思います。
　とにかく自分の気持ちが高揚するもの、楽しいと思えることにお金を
使って嬉しい気持ちになると、またいろんなことを頑張る気持ちが湧い
てきます。

04 Instagramを楽しく続けるコツ

　Chapter 1 から Chapter 7 まで長い道のりでしたが、ここまで読んでいただいて本当にありがとうございます。すでに説明してきた通り、SNSは本当にやることや考えることがたくさんあって、時間がいくらあっても足りないと感じるほどです。

　本書で紹介している内容については、すぐに全部取り組もうとは考えずに、これから何度も読み返しながらアカウント運営に役立てていただけたら嬉しいです。
　毎日大切に、自分のアカウントを磨いていくような感じで続けてください。

　最後に、私がこれだけ忘れなければ大丈夫、と思うInstagramを楽しく続けるコツと大切な考え方を紹介して、終わりにしたいと思います。

① 言葉選びを工夫する

　InstagramだけでなくSNS全体に関してですが、マイナスな発言は極力避けた方がいいです。
　フォロワーさんやクライアントに対して何か不満に思うことがあった

としても、それを公の場所で言ってしまうと、信頼を失うことにもなりかねません。

　何か弁明しないといけないことがあったり、名誉毀損などの問題に関わる事態でなければ、誰かや何かに対するマイナス意見は書かない方が懸命です。

　もし、レビュー投稿などでマイナス寄りの意見になりそうだと思ったときは、言い方を工夫するといいでしょう。

　私はトレーニングが趣味でプロテインをよく飲むのですが、あまり好みではないと思ったとき、「このプロテインは甘すぎる」「まずいし粉が溶けにくくて嫌だ」といった感想だと、ただの率直なマイナス意見となってしまいます。

　これも言い方次第で、「私は普段あまり甘いものを食べないからか甘さに慣れなかった」「甘いものが好きな人は好きだと思う」「シェイカーでよく振って飲むようにしてる」と表現を変えると、これだけで100％マイナス意見だったものが印象が変わります。

　コツは、一歩引いて客観的に見ることです。私は合わなかったけど他の人には合うかもという「他の人目線」を持って書くようにします。

　SNSでは何を言わないか、どのように言うかが重要です。
　極端にマイナスな発言は避け、フラットな意見を伝えるのがいいのではないかと思います。

② 交友関係を大事にする

私は友達が少ない方です。HSS型HSPの気質があり、人と会ったりお話するのは好きですがそれが頻繁になると疲れてしまい、知らない人が多い場所などもあまり得意ではありません。

ときどき人と会いつつ、普段はひとりで黙々と作業したり音楽を聴いたり、本を読んでいる方が落ち着くタイプです。

そんな私にとって、同じ趣味や目標を持つ人と気軽にやりとりできるSNSは、ちょうどいい距離感で居心地がいいです。

リアルな生活だと、同じ趣味や目標を持つ人と出会うのはなかなか難しいですが、SNSならそれが叶います。そうして縁ができた交友関係は大切にしていて、ときどき会って遊んだり、いろんな話をする友人が増えてきたのは本当にありがたいことです。

みなさんもぜひ、Instagramを続けるうちに気の合う友人や交友関係ができたら、その縁は大切にしてください。

③ 時代の変化を察知する

SNSは移り変わりが激しい世界なので、トレンドや世の中の価値観の変化を敏感に察知するためにアンテナを立てておくようにしましょう。

例えば、最近は他人から見た自分よりも、自分対自分で幸せを感じられるかどうか、物質的にではなく精神的に幸せを感じられるかといった価値観がメジャーになってきたと感じます。

私自身が勉強が好きということもありますが、世の中の価値観的にもスキルアップや自分磨きは重要視されてきているので、テーマのひとつとして積極的に扱うようにしています。

　ネットで話題になっている言葉をチェックしたり、定期的に雑誌を見るのもトレンドを知るのにいい方法です。

④　まだないポジションを取りに行く

　コンセプトや世界観を追求するにつれて、まだないポジションを取りに行くことも考えてみてください。

　例えば、私の場合は語学とデザインを勉強していて、かつフリーランスとして働いている社会人と自分で形容していますが、少なくとも私が調べた限りでは、Instagram を始めた当初は同じような方は見つからなかったように思います。

　暮らしアカウントと勉強アカウントのちょうど中間くらいの位置で、ひとつのジャンルに絞りすぎず、ライフスタイル・仕事・勉強について知識や経験をシェアするというイメージを持って運営していて、他のアカウントにはない形でのコンセプト作りを心がけました。

　これがまだなかったポジション、と言い切れるかわかりませんが、何かと何かを融合させながら過去にほとんど見なかったテーマやコンセプトを考えることができれば、印象に残りやすくなります。

　実は、本書もそんなことを考えて書きました。
　これまではビジネス向けのInstagram運用や、フォロワー数を増やす

といったことに焦点を当てたInstagramの本が多かったと思いますが、「個人が自分自身も楽しみながらアカウントを育て、幅広く仕事に繋げる」「Instagramと他のSNSやブログを掛け合わせて発信の幅を広げていく」というような内容はまだあまり見られないと思ったので、そんな方たちの役に立てればと思って執筆を始めました。

　これからSNSに取り組む際には、まだないポジションを取りに行くこともぜひ意識してみてください。

Chapter 7

覚えておきたい大切なこと

本書を手に取っていただき 誠にありがとうございます！

　私は、自分が困ったことや苦労したことのプロセスを紐解いて周りの人に共有したり、もっといい方法がないかと模索することが好きなので、こうして本という形でアイデアや具体的な方法をみなさんにシェアできる機会をいただけたのは、私にとってとてもありがたいことです。

　読者の方にとっても、この本がInstagram に取り組むにあたって少しでも参考になったり、「私もやってみよう！」という気持ちになるきっかけとなれば、これほど嬉しいことはありません。

　そして本書の制作に関わってくださった方へ、編集者の荒尾さん、西村さん、企画・編集協力者の染谷さん、出版社の方々のサポート、家族からの励ましのおかげで完成させることができました。心より感謝申し上げます。

　Instagram は、単なる写真共有としての場所を超え、コミュニティを構築したり新しい発見とインスピレーションを得られる場所として機能しています。

昨今SNS関連でさまざまな話題がありますが、SNSは使い方次第で、人々にポジティブなモチベーションを与えてくれるものです。

　本書でもSNSのそんな素敵な側面を伝えられるように、と願いながら執筆していました。

　読者の方にこの気持ちが届いていたら、そして人生を豊かにするためのひとつの方法としてInstagramの世界を楽しみ、自分自身のストーリーを表現する方がひとりでも増えたら嬉しいです。

2024年8月　

読者特典

泣く泣くカットした、本書に載せきれなかった原稿を
読者特典としてプレゼントします！
下記のURLまたはQRコードからページにアクセスし、
パスワードを入力してダウンロードしてください。

https://ruka-ch.jp/instagram-book/
パスワード：instanjg2024

- パソコン・スマートフォンの操作などについてのお問い合わせにはお答えできません。

- URL入力の際は、半角・全角などご確認いただき、お間違えないようご注意ください。

- URLの第三者への提供およびSNSでの投稿はご遠慮ください。

- 本ファイルに起因する不具合に対しては、弊社は責任を負いかねます。ご了承ください。

- 本ダウンロードサービスに関するお問い合わせは、弊社ホームページの「お問い合わせ」フォームよりお願いいたします。
https://www.njg.co.jp/contact/

- 本ダウンロードサービスは、予告なく終了する場合がございますので、ご承知おきください。

亀山ルカ （かめやま　るか）

1991年、千葉県生まれ。SNS発信と韓国雑貨のショップ運営などを行うフリーランス。立教大学卒業後、一般企業へ就職したものの組織で働くことになじめず、2016年からブログ運営、ライティング、SNS発信等フリーランスで働くように。生き方や働き方で悩み、生きづらさを感じていた自身の経験をもとに、同じように辛い思いをしている人に寄り添いたいと、現在もさまざまな情報の発信を続けている。著書に『アフィリエイトで夢を叶えた元OLブロガーが教える　本気で稼げるアフィリエイトブログ』（ソーテック社）、『毎日がうまくいく! 働く女子の　わたしらしく「書く」習慣』（KADOKAWA）がある。

開設3年で10万フォロワーの人気インスタグラマーが教える
やりたいことがぜんぶ叶うインスタ発信の教科書

2024年9月20日　初版発行

著　者　亀山ルカ　©R.Kameyama 2024
発行者　杉本淳一

発行所　株式会社日本実業出版社　東京都新宿区市谷本村町3-29　〒162-0845

編集部 ☎03-3268-5651
営業部 ☎03-3268-5161　　振　替　00170-1-25349
https://www.njg.co.jp/

印　刷／木元省美堂　　製　本／若林製本

本書のコピー等による無断転載・複製は、著作権法上の例外を除き、禁じられています。内容についてのお問合せは、ホームページ（https://www.njg.co.jp/contact/）もしくは書面にてお願い致します。落丁・乱丁本は、送料小社負担にて、お取り替え致します。

ISBN 978-4-534-06133-1　Printed in JAPAN

日本実業出版社の本

下記の価格は消費税(10%)を含む金額です。

簡単だけど、すごく良くなる77のルール
デザイン力の基本

ウジトモコ
定価 1650円(税込)

よくやりがちなダメパターン「いきなり手を動かす」「とりあえず大きくすれば目立つ」「いろんな色、書体を使いたがる」などを避けるだけで、プロのデザイナーの原理原則が身につく！

最速で結果を出す
「SNS動画マーケティング」実践講座

天野裕之
定価 2420円(税込)

SNSの各動画の手法や、動画とその他SNSを"掛け合わせた"戦略を解説。「ショート／ロング動画の使い分け」「コミュニティづくり」「高単価商品の売り方」等の全技術を紹介した決定版。

副業力
いつでも、どこでも、ローリスクでできる
「新しいマネタイズ」

染谷昌利
定価 1650円(税込)

複数の収入源の確保で、あなたの未来は劇的に変わる！ ネットで稼ぐバイブル本『ブログ飯』で複数の収入源を作るモデルを実践してきた第一人者が「これからの新しい稼ぎ方」を徹底指南！

プロ作家・脚本家たちが使っている
シナリオ・センター式　物語のつくり方

新井一樹
定価 1760円(税込)

設定の練り方から、シーンの描き方まで、日本随一のシナリオライター養成スクールで学ばれている「シナリオの基礎技術」をベースにした「物語のつくり方」がわかる一冊。

定価変更の場合はご了承ください。